Beitrag
zur Untersuchung von außergewöhnlichen Druck- und Temperatursteigerungen bei

Dieselmotoren

Von der

Technischen Hochschule zu Breslau

zur

Erlangung der Würde eines Doktor-Ingenieurs

genehmigte

Dissertation

Vorgelegt von

Dipl.-Ing. Richard Colell

aus Crimmitschau

Referent: Professor Dr.-Ing. Baer
Korreferent: Professor Dr.-Ing. Heinel

Springer-Verlag Berlin Heidelberg GmbH

1921

ISBN 978-3-662-24487-6   ISBN 978-3-662-26631-1 (eBook)
DOI 10.1007/978-3-662-26631-1

Inhaltsverzeichnis.

Literaturverzeichnis.

H. Lorenz, Lehrbuch der technischen Physik, Bd. IV. München und Berlin 1913.

A. Föppl, Vorlesungen über technische Mechanik, Bd. V. Leipzig 1907.

C. Bach und R. Baumann, Festigkeitseigenschaften und Gefügebilder der Konstruktionsmaterialien. Berlin 1915.

Dugald Clerk, The Gas, Petrol and Oil-Engine, Vol. I. London 1910.

W. Schüle, Technische Thermodynamik. 2. Aufl. Berlin 1914.

P. Wagner, Der Wirkungsgrad von Dampfturbinen-Beschauflungen. Berlin 1913.

W. Nernst, Physikalisch-chemische Betrachtungen über den Verbrennungsprozeß in den Gasmaschinen. Zeitschr. d. Ver. dtsch. Ing. 1905, S. 1426f.

E. J. Constam und P. Schläpfer, Über Treiböl. Zeitschr. d. Ver. dtsch. Ing. 1913, S. 1489f.

F. Bendemann, Über den Ausfluß des Wasserdampfes und über Dampfmengenmessung. Mitteilungen über Forschungsarbeiten, Heft 37. Berlin 1907.

H. Holm, Über Entzündungstemperaturen (Zündpunkte) besonders von Brennstoffen. Zeitschr. f. angew. Chemie 1913, Nr. 37.

P. Rieppel, Versuche über die Verwendung von Teeröl zum Betrieb des Dieselmotors. Mitteilungen über Forschungsarbeiten, Heft 55. Berlin 1908.

H. B. Dixon, On the Movements of the Flame in the Explosion of Gases. Philosophical Transactions of the Royal Society of London. Series A, Vol. 200. London 1903.

G. Falk, Annalen der Physik 24, S. 450. 1907.

W. Nusselt, Die Zündgeschwindigkeit brennbarer Gasgemische. Zeitschr. d. Ver. dtsch. Ing. 1915, Nr. 43, S. 872f.

R. Lorenz, Temperaturspannungen in Hohlzylindern. Zeitschr. d. Ver. dtsch. Ing. 1907, S. 743.

I. Einleitung.

Außergewöhnliche Druck- und Temperatursteigerungen in den
Arbeitszylindern und den Einblaseorganen von Dieselmotoren sind
Erscheinungen, deren Ursachen und Wesen bisher noch wenig auf-
geklärt sind, trotzdem sie nicht nur für die Konstruktion, sondern auch
für den Betrieb dieser Maschinen von der größten Bedeutung sind,
weil nur eine klare Erkenntnis aller hierbei mitwirkenden Faktoren
die Möglichkeit bietet, die unbedingt erforderlichen Gegenmaßnahmen
zweckentsprechend zu treffen. Es ist bekannt, daß durch die in Frage
stehenden, meist explosionsartig verlaufenden Drucksteigerungen und
ihre zerstörende Wirkung in vielen Fällen nicht nur schwere Havarien
an den Maschinen entstanden sind, sondern daß auch das Bedienungs-
personal häufig hierdurch gefährdet worden ist. Es ist deshalb von
weittragender Bedeutung, daß alle bei diesen Vorgängen auftretenden
Fragen restlos geklärt werden.

Es liegt auf der Hand, daß es außerordentlich schwierig ist, genaue
und lückenlose Unterlagen für die Untersuchung der hier vorliegenden
Fragen zu beschaffen, weil einerseits Beobachtungen über die Ursachen
der einzelnen Vorgänge wegen ihres außerordentlich raschen Verlaufes
meistens sehr schwierig und unvollständig sind, besonders dann, wenn
man nur auf die Aussagen des Bedienungspersonals angewiesen ist,
und weil andererseits naturgemäß die einzelnen Fälle weiteren Fach-
kreisen fast niemals bekanntgegeben werden. Ich bin deshalb gezwungen,
in der vorliegenden Abhandlung lediglich Beobachtungen und Untersuchungen der eigenen Praxis zu verwenden, welche ausschließlich an
schnellaufenden Viertaktmaschinen angestellt wurden. Die Untersuchungen erstrecken sich lediglich auf die Vorgänge in den Arbeitszylindern und Einblaseorganen, nicht dagegen auch auf die hiermit
ähnlichen Erscheinungen bei den Kompressoren und Spülpumpen und
ihren Rohrleitungen.

II. Die Zündungen im Arbeitszylinder.

1. Die Frühzündung.

Während des Ansaugehubes (1. Arbeitstakt) wird durch den vorwärtsgehenden Kolben reine Luft durch das geöffnete Einlaßventil in den Arbeitszylinder gesaugt, wobei alle übrigen Ventile geschlossen bleiben. Während des 2. Arbeitstaktes komprimiert der rückwärtsgehende Arbeitskolben die angesaugte Luft auf etwa 32—34 at. Zu Anfang des 3. Hubes, wenn der Kolben den Vorwärtsgang wieder beginnt, oder in den meisten Fällen wenige Grad bevor die Kurbel durch die innere Totlage geht, öffnet sich das Brennstoffventil für kurze Zeit und das in ihm gelagerte Treiböl wird durch die in den Zylinder strömende Einblaseluft mitgerissen und zerstäubt. Das auf diese Weise eingeführte Treiböl-Luftgemisch wird durch die im Zylinder herrschende hohe Kompressionstemperatur, welche dem Kompressionsenddruck von 32—34 at entspricht, entzündet, da die zu diesem Kompressionsdruck gehörende Kompressionstemperatur wesentlich höher ist als die Entzündungstemperatur des Treiböl-Luftgemisches. Da die Einführung des Treiböl-Luftgemisches während ca. 40—50° des Kurbelweges andauert, und bei richtig konstruiertem Zerstäuber das Verhältnis von Treiböl und Einblaseluft im Treiböl-Luftstrahl während des Einblasevorganges annähernd konstant ist, und da weiterhin der Luftinhalt des Zylinders durch den Strahl der Einblaseluft in wirbelnde Bewegung versetzt und somit nach und nach zur Verbrennung herangezogen wird, so sind alle Bedingungen erfüllt, um zu bewirken, daß von den im Treiböl-Luftgemisch enthaltenen Treiböltröpfchen eines nach dem anderen verdampft, sich entzündet und verbrennt.

Auf diesem oben kurz skizzierten Verlauf des Einblase- und Entzündungsvorganges beruht, rein theoretisch gesprochen, die Tatsache, daß eine nennenswerte Drucksteigerung während der Zündungen über den Kompressionsenddruck hinaus nicht erfolgt, wobei allerdings zu berücksichtigen ist, daß praktisch noch eine Reihe anderer Faktoren mitspielen und beachtet werden müssen, um eine ruhige Verbrennung mit horizontalem Verlauf der Zündstrecke im Diagramm zu erzielen. Aber auch bei ungünstigen Verhältnissen, wie z. B. unzweckmäßiger Vorzündung, mangelhaftem Zerstäuber usw., sind im normalen Betriebe ohne sonstige ausgesprochene Störungen wesentliche Drucksteigerungen über den Kompressionsenddruck hinaus nicht zu beobachten, wenigstens nicht derartige, daß von einer Gefährdung der in Frage stehenden Bauteile gesprochen werden kann. Die konstruktive Entwicklung des Dieselmotors ist heute so weit gefördert, daß auch bei höchtourigen Maschinen ($n = 500 \div 600$ p. m.) eine allmähliche Verbrennung ohne Drucksteigerung über den Kompressionsenddruck hinaus unter allen Umständen erzielt und sichergestellt ist. Die Fig. 1 bis 3 zeigen Indikatordiagramme einer vom Verfasser gebauten Sechszylindermaschine, die bei 450 U. p. m. 500 PSe entwickelt. Fig. 1 zeigt das Diagramm der richtig einregulierten Maschine; aus den Diagrammen der Fig. 2 und 3 erkennt man, wie durch geringfügige Änderungen des Einblasedruckes der Verlauf der Verbrennungslinie ansteigend oder abfallend zum Kompressionsenddruck gelegt werden kann. Man ersieht aus diesen drei Diagrammen, daß man es auch bei Schnelläufern durchaus in der Hand hat, den Verlauf der Druckentwicklung im Zylinder während der Zündung vollkommen zu regeln.

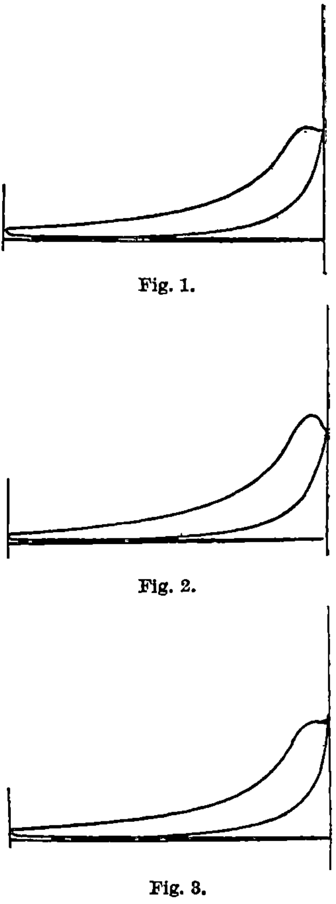

Fig. 1.

Fig. 2.

Fig. 3.

Solange beim Dieselmotor die Einführung des Treiböls in der oben beschriebenen normalen Weise erfolgt, und solange während des Kompressionshubes lediglich reine Luft komprimiert wird, und zwar unter gleichzeitiger Voraussetzung eines normalen Ansaugdruckes von rund 0,90 at abs., können außergewöhnliche Drucksteigerungen vor oder während des Einblasevorganges nicht entstehen. Wenn es nun trotzdem vorkommt, daß entweder beim Anfahren und Umschalten auf Zündung, oder während des Betriebes plötzliche Drucksteigerungen im Arbeitszylinder einsetzen, so können nur Störungen besonderer Art hierfür die Ursache sein, die ihrerseits zur Folge haben, daß an Stelle der relativ langsamen Verbrennung des allmählich eingeblasenen Brennstoffes eine momentane explosionsartige Verbrennung erfolgt. Die einzige Möglichkeit für die Entstehung einer solchen explosionsartigen Verbrennung ist dann gegeben, wenn während des Kompressionshubes ·an Stelle von reiner Luft ein zündfähiges

Gemisch komprimiert wird, entstanden entweder durch vorzeitiges Eindringen von Treiböl in die Ladeluft des Zylinders auf dem Wege durch die Düsenplatte oder durch Eindringen von Schmieröldämpfen mit der angesaugten Frischluft auf dem Wege durch das Einlaßventil.

Eine explosionsartig rasch verlaufende Verbrennung eines Gemisches von Luft und Dämpfen brennbarer Flüssigkeiten, oder von Luft und brennbaren Gasen, tritt ein, wenn das Gemisch bis auf die Entzündungstemperatur, das ist die Temperatur, welche eben noch genügt, um die Verbrennung einzuleiten, erhitzt wird. Da nun beim Dieselmotor die Endtemperatur der Kompression stets wesentlich höher liegt, als die Entzündungstemperatur der in Frage kommenden Luft-Ölgemische, so muß schon weit vor der inneren Kolbentotlage Selbstzündung auftreten, eine Erscheinung, die man in der Technik mit dem Wort „Frühzündung" kennzeichnet.

2. Die Ursachen der Frühzündung.

Der erste Fall, das Eindringen von Treiböl in die Ladeluft des Arbeitszylinders, tritt stets dann ein, wenn die Brennstoffnadel undicht ist, oder wenn sie, nachdem sie durch den Nocken geöffnet worden ist, nicht wieder schließt; man spricht in diesem letzteren Fall von einem „Hängenbleiben" der Nadel. Die Steuerung der Brennstoffnadel erfolgt genau wie die der übrigen Ventile des Arbeitszylinders in der Regel derart, daß das Öffnen des Ventiles unter der Einwirkung eines Nockens erfolgt, wohingegen das Schließen lediglich unter der Einwirkung einer Feder geschieht. Es ist eine bekannte Eigenschaft derartig gesteuerter Ventile, daß ein Hängenbleiben während des Betriebes auftreten kann, und zwar immer dann, wenn die Kraft der Ventilfeder aus irgendeinem Grunde nicht mehr ausreicht, das Ventil auf seinen Sitz zurückzudrücken. Dieser Fall tritt stets ein, wenn das Ventil in seiner Führung klemmt, oder wenn die Reibung zwischen Ventil und Führung aus irgendeinem Grunde außergewöhnlich groß wird. Bei der Brennstoffnadel liegen die Verhältnisse im Vergleich zu anderen Ventilen, wie z. B. dem Ein- und Auslaßventil, deshalb bedeutend ungünstiger, weil es erforderlich ist, die Nadel gegen den bis zu 80 at betragenden Druck der Einblaseluft im Zerstäuberraum nach außen hin abzudichten. Man verwendet hierfür eine Stopfbüchse, für deren Packung verschiedene Materialien in Gebrauch sind; meistens verwendet man eingestampfte Bleispäne, die unter der Bezeichnung „Planit" im Handel sind. Auch Ringe aus Weichmetall, oder „Vas-Black"-Ringe, oder „Vulkabeston"-Ringe werden verwendet. Damit nun einerseits diese Packungen gegen den immerhin sehr hohen Druck abdichten, und andererseits die Reibung zwischen Packung und Nadel möglichst gering ist, muß auf das Einlegen der Packung sehr große

Sorgfalt verwendet werden; in den meisten Fällen wird deshalb auch die Nadel im Bereiche der Packung gehärtet und geschliffen, um eine möglichst glatte Oberfläche zu erhalten und um zu verhindern, daß die Packung die Nadel angreift. Es liegt auf der Hand, daß es sich hier um ein sehr heikles Konstruktionselement handelt, und daß trotz sorgfältigster Herstellung es nie möglich ist, ein Hängenbleiben der Nadel absolut zu vermeiden, zumal das einwandfreie Arbeiten in hohem Maße auch von der Wartung und dem Geschick des Bedienungspersonals abhängig ist. Das Hängenbleiben kann auch dadurch veranlaßt werden, daß eine Packung, die zu blasen beginnt, während des Betriebes unvorsichtig nachgezogen wird; ein Fehler, der sehr häufig zu beobachten ist.

Die Folge des Hängenbleibens einer Brennstoffnadel aus den vorstehend erörterten Ursachen ist nun eine vollkommene Störung und Änderung des normalen Verlaufes des Einblasevorganges. Die Nadel bleibt, nachdem sie vom Nocken abgehoben worden ist, in entweder ganz oder teilweise gehobener Lage hängen, so daß die Einblaseluft ungehindert während aller nachfolgenden Hübe des Kolbens in den Arbeitszylinder einströmt. Der dem erfolgten Hängenbleiben unmittelbar folgende Expansionshub wird durch die einströmende Einblaseluft nicht in bemerkenswertem Maße beeinflußt, da wegen der Kürze der Zeit, in denen sich die einzelnen Hübe abspielen, eine nennenswerte Erhöhung der Expansionslinie durch das in den Zylinder eindringende zusätzliche Luftgewicht nicht erfolgen kann. Auch der darauf folgende Auspuffhub und Saugehub wird nicht nennenswert beeinflußt. Inzwischen hat jedoch die Brennstoffpumpe des in Frage stehenden Zylinders einen neuen Förderhub begonnen, der sich, wenn man zunächst von dem stets vorhandenen verspätet gesteuerten Schluß des Saugventils der Brennstoffpumpe absieht, über eine volle Umdrehung der Kurbelwelle, also über 2 volle Hübe des Arbeitskolbens erstreckt. Die Förderung der Brennstoffpumpe in den Zerstäuber kann nun entweder im Expansions- und Auspuffhub, oder im Ansauge- und Kompressionshub, oder auch zwischen diesen beiden extrem möglichen Zeitpunkten liegen. Welchen Einfluß die Lage des Förderhubes der Brennstoffpumpe im Verhältnis zu den einzelnen Phasen des hier zugrunde gelegten Viertaktverfahrens auf die Entwicklung der Frühzündung hat, soll erst später untersucht werden. Nimmt man an, daß die Brennstoffpumpe während des Ansauge- und Kompressionshubes fördert, so wird in dem Augenblick des Förderbeginnes der in den Zerstäuber hineingedrückte Brennstoff von der fortwährend in den Arbeitszylinder einströmenden Einblaseluft mitgerissen, so daß während des sich anschließenden Kompressionshubes nicht reine Luft, sondern ein zündfähiges Öl-Luftgemisch komprimiert wird. Da die Entzündungstemperatur dieses Gemisches wesentlich niedriger als die Kompressionsend-temperatur liegt, so wird, noch ehe der Kolben die innere Totlage erreicht hat, die Frühzündung mit gleichzeitiger erheblicher Drucksteigerung eintreten. Die unter dem hierbei sich entwickelnden Zünddruck stehenden Gase im Zylinder werden nun durch den weiter einwärts laufenden Kolben noch erheblich weiter verdichtet.

Es ist nun noch eine zweite Möglichkeit vorhanden, daß Treiböl in den Arbeitszylinder gelangt und mit der Ladeluft zusammen verdichtet wird, nämlich dann, wenn eine Nadel zwecks Revision aus dem Brennstoffventilgehäuse herausgenommen wird. Das im Zerstäuberraum lagernde Treiböl wird dann bei zahlreichen Zerstäuberausführungen durch die Düsenplatte auf den Kolbenboden herabfließen können und sich dort ansammeln. Bei Kolben mit eingesenktem Boden, wie er bei Viertaktmotoren in der Regel ausgeführt wird, sammelt sich dann das hindurchgeflossene Treiböl in der Mitte des Kolbenbodens an. War der Motor kurz vorher in Betrieb, so daß der Kolbenboden beim Ausbau der Brennstoffnadel noch heiß ist, so ist die Möglichkeit gegeben, daß das auf diese Weise vorgewärmte Öl beim nächsten Anfahren der Maschinen während des Kompressionshubes frühzeitig zur Entflammung gebracht wird. Da in diesem Falle das Öl jedoch ohne jede Zerstäubung in den Zylinder gelangt und sich als zusammenhängende Flüssigkeit ablagert, so wird das Auftreten von momentanen Zündungen unter Heranziehung der gesamten Ladeluft kaum vorkommen können. Daraus folgt auch, daß die hierbei entstehenden Enddrücke nicht die Höhe erreichen werden, wie in dem Falle, wo das Treiböl bei hängender Brennstoffnadel durch die miteinströmende Einblaseluft vollkommen zerstäubt wird, wobei dann der Kolben ein mehr oder weniger vollkommenes Gemisch komprimiert.

Was nun den dritten Fall, das Eindringen von Schmieröldämpfen in den Arbeitszylinder, anbelangt, so handelt es sich hierbei um eine Erscheinung, die lediglich bei Motoren mit geschlossenem Kurbelgehäuse und Preßschmierung der Triebwerksteile vorkommen kann. Bei diesen Motoren ist es erforderlich, den im Innern des Kurbelgehäuses sich bildenden Öldunst in geeigneter Weise abzusaugen. Zu diesem Zweck wird gewöhnlich eine Verbindung hergestellt zwischen dem Kurbelgehäuse und den Saugrohren bzw. den Saugräumen, aus denen der Arbeitszylinder die Luft ansaugt. Ist der Durchtrittsquerschnitt für den Öldunst in der Saugleitung zu groß, oder liegt die Austrittsöffnung im Kurbelgehäuse derart, daß auch das von den Triebwerksteilen abgeschleuderte Spritzöl mit in die Saugleitung gelangen kann, oder ist die Entwicklung von Öldämpfen im Kurbelgehäuse aus irgendeinem Grunde besonders stark, so tritt sehr leicht der Fall ein, daß die Ladeluft durch die Beimengung von Öldämpfen derartig angereichert wird, daß ein zündfähiges Gemisch entsteht. Auch in diesem Falle treten dann während des Kompressionshubes Frühzündungen ein.

Die Erfahrung lehrt, daß die durch das Hängenbleiben von Brennstoffnadeln verursachten Frühzündungen weitaus die häufigsten und die hierbei entstehenden Zünddrücke am höchsten sind. Die Erklärung für diese Tatsache ergibt sich ohne weiteres aus dem Umstand, daß der auf diese Weise in den Zylinder gelangende Brennstoff durch die miteinströmende Einblaseluft überaus fein zerstäubt wird, so daß die Bedingungen für die Bildung eines möglichst vollkommenen Gemisches in diesen Fällen weitaus am besten erfüllt sind. Aus diesem Grunde sollen auch den weiteren Betrachtungen, vor allen Dingen bei der Untersuchung der Frage des auftretenden Höchstdruckes, in erster Linie die durch das Hängenbleiben der Brennstoffnadel sich ergebenden Verhältnisse zugrunde gelegt werden, zumal in diesem Fall die einzelnen Faktoren, welche die verschiedenen Vorgänge beeinflussen, am besten beurteilt und rechnerisch erfaßt werden können.

3. Der Höchstdruck der Frühzündung.

Da, wie aus dem Vorstehenden hervorgeht, bei der Eigenart der Steuerungsverhältnisse der Brennstoffventile ein Hängenbleiben der Nadel und damit das Auftreten von Frühzündungen niemals ganz vermieden werden kann, so hat der Konstrukteur die hierdurch hervorgerufenen Folgeerscheinungen beim Entwurf der Zylinder und Triebwerksteile stets im Auge zu behalten und bei der Dimensionierung dieser Teile bzw. bei den Festigkeitsberechnungen zu berücksichtigen. Er hat weiterhin dafür Sorge zu tragen, daß alle zur Verfügung stehenden Vorkehrungen getroffen werden, um zu verhüten, daß durch die hohen Drucksteigerungen Havarien oder sogar Unglücksfälle entstehen. Die hierzu erforderlichen konstruktiven Maßnahmen können jedoch nur dann zweckmäßig getroffen werden, wenn vor allen Dingen die entstehenden Höchstdrücke in Atmosphären zahlenmäßig bekannt sind.

Es handelt sich also zunächst darum, festzustellen, wie groß der Höchstdruck im Zylinder durch eine Frühzündung wird, zumal über diese Frage brauchbare Angaben in der technischen Literatur unter spezieller Berücksichtigung der Verhältnisse beim Dieselmotor nicht vorhanden sind.

Unter der Voraussetzung einer momentanen Verbrennung gilt die Beziehung für konstantes Volumen:

$$(1) \qquad \frac{p_1}{p_0} = \frac{T_1}{T_0} \, .$$

Hierin bezeichnet:

p_1 den Enddruck,
p_0 den Anfangsdruck,
T_1 die Endtemperatur,
T_0 die Anfangstemperatur.

Der Enddruck

$$(2) \qquad p_1 = p_0 \frac{T_1}{T_0}$$

kann also berechnet werden, sobald außer p_0 und T_0 noch die Endtemperatur T_1 bekannt ist. Die Anfangstemperatur T_0 ist in dem vorliegenden Fall ohne weiteres durch die Entzündungstemperatur des verwendeten Treiböles in Luft gegeben. Da die Temperatur durch die Kompression des Gemisches im Zylinder erzeugt wird, so wird dieselbe erreicht, sobald der Druck p_0 im Zylinder der Beziehung entspricht

$$(3) \qquad T_0 = T_a \left(\frac{p_0}{p_a}\right)^{\frac{n-1}{n}} ,$$

worin p_a den Ansaugedruck, T_a die Temperatur bei Beginn der Kompression bedeutet.

Hierbei ist allerdings schon zur Vereinfachung der Rechnung eine Annahme gemacht, die der Wirklichkeit nicht voll entspricht, und zwar insofern, als die Entzündungstemperatur nicht allein durch die Kompression entsteht, sondern sicherlich auch durch unmittelbaren Wärmeaustausch zwischen der Ladung und besonders heißen Teilen des Zylinderinnern, wie z. B. einem ungekühlten Kolbenboden. Es wird vorkommen, daß durch den heißen Kolbenboden die unmittelbar mit demselben in Berührung stehenden Gasschichten schon bis zur Entzündungstemperatur erhitzt werden, bevor durch die Kompression allein die ganze Gasmasse ebensoweit erhitzt ist. Tritt in diesem Falle eine lokale Entzündung ein, so wird der Verlauf der Entzündung der Restmassen ganz anders sein, als wenn die gesamte Gasmasse gleichzeitig entzündet wird. Das letztere sei aber zunächst angenommen; der Fall einer lokalen Entzündung soll am Schluß dieses Abschnittes für sich behandelt werden.

Da p_a und T_a bekannt sind, so läßt sich nach Gl. (3) p_0 berechnen, zumal der Exponent $\dfrac{n-1}{n}$ auf Grund zahlreicher Erfahrungswerte hinreichend genau bekannt ist. Zur Bestimmung von p_1 aus Gl. (2) fehlt also nur noch die Endtemperatur T_1, deren Bestimmung aber innerhalb der Grenzen, die für die vorliegende Frage gezogen sind, ohne Schwierigkeit möglich ist, besonders in dem Falle, wo es sich um Treiböl-Luftgemische und nicht um Schmieröl-Luftgemische handelt.

Bei Treiböl-Luftgemischen liegt nämlich die in der Ladung vorhandene Brennstoffmenge relativ sehr genau fest, bei Schmieröl-Luftgemischen dagegen nicht. Sieht man zunächst von dem Einfluß der in den Zylinder einströmenden Einblaseluft auf die Ladung ab, so wird, da auch bei der Frühzündung jedesmal dieselbe Treibölmenge wie bei der normalen Zündung an der Verbrennung teilnimmt, der Heizwert des im Augenblick der eintretenden Frühzündung im Zylinder befindlichen Treiböl-Luftgemisches und die spezifische Wärme der Verbrennungsprodukte ebenso groß sein wie bei der normalen Zündung. Da nun bei der normalen Zündung die Wärmezufuhr bei konstantem Druck, dagegen bei der Frühzündung bei (allerdings nur annähernd) konstantem Volumen erfolgt, so gelten, wenn Q die zugeführte und in beiden Fällen gleichgroße Wärmemenge und (T_z' bzw. T_z) die Temperaturerhöhung bezeichnet, die Beziehungen für 1 kg:

für die normale Zündung

$$Q = c_p\, T_z'$$

und für die Frühzündung

$$Q = c_v\, T_z \,.$$

Hieraus folgt, daß die Temperatursteigerung T_z bei der Frühzündung, wenn sie sich bei vollkommen konstantem Volumen entwickelt, gleich ist $\frac{c_p}{c_v}\, T_z'$, d. h. 1,4 mal so groß ist als bei der normalen Zündung.

Mit Rücksicht darauf jedoch, daß einerseits die Frühzündung stets eine gewisse Zeitdauer beansprucht und andererseits der Kolben in den meisten Fällen im Augenblick des Auftretens einer solchen Zündung eine nicht außer acht zu lassende Geschwindigkeit hat, wird der Temperaturanstieg zwar jedenfalls höher sein als bei der normalen Zündung, wird aber den dem Verhältnis entsprechenden Wert nicht voll erreichen. Da aber während der Kompression dauernd Einblaseluft nachströmt, weil die Brennstoffnadel offensteht, so wird durch dieses Einströmen von Einblaseluft eine, wenn auch nicht wesentliche, so doch immerhin nicht zu vernachlässigende Einwirkung auf den Verlauf der einzelnen Vorgänge — Kompression und Temperaturanstieg — vorhanden sein. Einerseits wird das Luftgewicht der Ladung durch die hinzutretende Einblaseluft erhöht, wodurch die Endtemperatur herabgezogen wird, andererseits wird wegen des sich stetig erhöhenden Luftgewichtes die Kompressionslinie steiler verlaufen als der normalen polytropischen Verdichtung entspricht. Diese letztere Erscheinung kann aber wegen der durch die starke Expansion der einströmenden Einblaseluft verursachten Temperaturerniedrigung der Ladung nicht nur wieder vollkommen ausgeglichen, sondern sogar derart beeinflußt werden, daß die Kompressionslinie flacher verläuft, unter Umständen mit einem

Exponenten, der nahe an der Zahl 1 liegt. Hieraus folgt, daß man ohne Frage in der Lage sein würde, diese an sich durchaus nicht verwickelten Vorgänge rein rechnerisch zu verfolgen, um einerseits den Temperaturverlauf während der Kompression zu korrigieren und andererseits die Endtemperatur zu berechnen, daß aber, zumal noch eine Reihe anderer Faktoren, welche kaum genau zahlenmäßig erfaßt werden können, eine solche Berechnung nur sehr bedingten Wert haben würde. Zu den Faktoren, die bei diesen Vorgängen noch mit in den Bereich der Betrachtung gezogen werden müßten, gehört vor allen Dingen die Abhängigkeit der spezifischen Wärme der Verbrennungsgase von der Temperatur und dem Luftüberschuß, und weiterhin der Einfluß der Dissoziation, der bei Temperaturen von 2500° und darüber nicht mehr vernachlässigt werden kann. Auch die Einwirkung der Zylinderwände auf den Druck- und Temperaturanstieg ist von erheblichem Einfluß, wie die zahlreichen Versuche, die über die Verbrennung von Gasgemischen in geschlossenen Gefäßen ausgeführt worden sind, beweisen. In erster Linie sind es die Versuche und Arbeiten von Mallard und Le Chatelier, welche in dieser Frage zu den ersten grundlegenden Resultaten führten, und die Anregung für alle späteren Forschungsarbeiten auf diesem Gebiete wurden.

Auf Grund dieser Versuche und auf Grund neuerer Untersuchungen über Temperaturmessungen im Zylinderinnern von Verbrennungsmotoren kann man annehmen, daß die Endtemperatur t_e bei den normalen Zündungen im Dieselmotor rund $2200 \div 2300°$, also die absolute Temperatur rund $T_e = 2500°$ beträgt. Bei einer normalen Kompressionsendtemperatur T_c ist demnach der Temperaturanstieg $= T_e - T_c$.

Nimmt man nun an, daß auf Grund der obigen Ausführungen der Temperaturanstieg bei der Frühzündung rund das 1,2fache desjenigen bei der normalen Zündung beträgt, so kann für die Endtemperatur T_1 in Gl. (2) gesetzt werden

$$(4) \qquad T_1 = T_0 + 1{,}2\,T_e - T_c \,.$$

Gl. (2) nimmt dann die Form an

$$(5) \qquad p_1 = p_0\,\frac{T_0 + 1{,}2\,T_e - T_c}{T_0} = p_0\left(1 + \frac{1{,}2\,T_e - T_c}{T_0}\right).$$

Die Kompressionstemperatur T_c kann mit $800 + 273° = 1073°$ in die Rechnung eingesetzt werden, und zwar bei einem Ansaugedruck von $0{,}9$ at, einem $k = 1{,}40$ und einem $\varepsilon = \dfrac{V_h + V_c}{V_c} = 14$.

Nunmehr ist noch die Anfangstemperatur T_0, d. h. die Entzündungstemperatur von Treiböl in Luft, festzulegen. Schon Rieppel[1]

---

[1] P. Rieppel, Versuche über die Verwendung von Teeröl zum Betrieb des Dieselmotors. Mitteilungen über Forschungsarbeiten, Heft 55, 1908.

hat in seiner bekannten Arbeit über Treiböle darauf hingewiesen, daß zwischen der Entzündbarkeit eines Treiböles im Motorzylinder und dem Brennpunkt und Flammpunkt des Öles keine direkte Beziehung besteht, daß vielmehr die Entzündbarkeit lediglich eine Funktion der chemischen Zusammensetzung des Öles ist. Die ersten Untersuchungen über die Entzündungstemperatur von Gemischen aus brennbaren Gasen und Luft bzw. Sauerstoff sind ebenfalls zuerst von Mallard und Le Chatelier angestellt worden, allerdings nicht für flüssige Brennstoffe, sondern nur für Wasserstoff, Kohlenoxyd und Methan.

Bei allen bisherigen Messungen der Zündungstemperatur haben sich stark voneinander abweichende Ergebnisse gezeigt, deren Ursache einerseits in den grundsätzlich verschiedenen Versuchseinrichtungen liegt, welche die einzelnen Forscher verwendet haben, und andererseits in der unbestimmten Definition der Entzündungstemperatur selbst zu suchen ist. Aus diesen beiden Gründen ist die genaue Bestimmung der Entzündungstemperatur von Gasen besonders schwierig, weil die Art der Einleitung der Entzündung eine sehr verschiedene sein kann, und weil bei Gasen von einem scharf ausgesprochenen Temperaturpunkt, bei dem die Entzündung eintritt, überhaupt nicht gesprochen werden kann. So tritt z. B. bei Wasserstoff und Sauerstoff schon bei $300°$ eine merkliche Reaktion ein, die bei $500°$ schneller vor sich geht und bei noch höherer Temperatur explosiven Charakter annimmt. Man erkennt hieraus, daß vom rein chemischen Standpunkt aus eine genaue Festlegung des Begriffes der Entzündungstemperatur nicht einfach ist. Für den Verbrennungsmotorenbau ist ohne Frage diejenige Temperatur als Entzündungstemperatur zu definieren, bei der die Entzündung explosionsartig, d. h. mit einer praktisch nicht mehr meßbaren Geschwindigkeit vor sich geht. Weiterhin kommt für die Frage des Motorenbaues als Meßmethode lediglich das Verfahren in Betracht, bei welchem die Gasgemische schnell so hoch komprimiert werden, daß sie sich infolge der Temperatursteigerung durch mehr oder weniger vollkommene adiabatische Verdichtung entzünden. Diese Methode ist auf Anregung von Nernst durch G. Falk[1] angewendet worden; die Entzündungstemperatur wurde bei diesen Versuchen nicht unmittelbar gemessen, sondern aus dem Anfangs- und Endvolumen unter der Annahme adiabatischer Kompression berechnet. Leider sind diese Messungen nur für Gasgemische, nicht aber für Öl-Luftgemische durchgeführt worden. Mit flüssigen Brennstoffen sind es hauptsächlich die neueren Versuche von Constam und Schläpfer[2] und diejenigen

---

[1] G. Falk, Ann. d. Physik **24**, S. 450. 1907.
[2] E. J. Constam und P. Schläpfer, Über Treiböl. Zeitschr. d. Ver. dtsch. Ing. 1913, S. 1489f.

von Holm[1]), welche einigermaßen brauchbare Ergebnisse geliefert haben. Die Versuche sind allerdings nur unter atmosphärischem Druck durchgeführt worden; ob und wieweit die Entzündungstemperatur bei Verwendung von höheren Drücken beeinflußt wird, bedarf noch weiterer Untersuchungen, die leider bisher noch gänzlich fehlen.

Auch aus den Ergebnissen dieser Versuche ist zu entnehmen, daß bei ein und demselben Brennstoff erhebliche Schwankungen in der Höhe der Entzündungstemperatur festgestellt worden sind, deren Ursache teils in den verwendeten Meßmethoden und Versuchseinrichtungen und teils in anderen Einflüssen zu suchen ist. Die Entzündungstemperatur ist nicht nur eine Funktion des Gasdruckes, sondern auch des Mischungsverhältnisses und des Feuchtigkeitsgrades der Verbrennungsluft und wird weiterhin beeinflußt, je nachdem das Gemisch in Ruhe oder Wirbelung ist und je nachdem die Entzündung durch einen elektrischen Funken, durch eine Flamme oder durch Eigenwärme eingeleitet wird. Einwandfreie Ergebnisse, die für den Verbrennungsmotorenbau von praktischer Bedeutung sein sollen, können nur durch Versuche am Motor selbst erzielt werden, da nur dann die Resultate den im Betriebe auftretenden Verhältnissen entsprechen. Hierbei wäre derart zu verfahren, daß in die Ladeluft während des Saughubes eine bestimmte Menge Brennstoff in geeigneter Weise eingeführt und das so entstandene Gemisch während des Kompressionshubes so hoch verdichtet wird, daß Selbstzündung erfolgt. Mit dem Indikator ist dann der Punkt der Kompressionslinie zu bestimmen, an welchem die Zündung einsetzt, so daß aus dem momentan vorhandenen Kompressionsdruck die gleichzeitig vorhandene Temperatur berechnet werden kann. Nach dieser Methode habe ich durch Versuche, die im Abschnitt II 5 beschrieben sind, den Beginn der Frühzündung beim Dieselmotor festgestellt, allerdings lediglich vom rein technischen Standpunkt aus, ohne diejenigen Vorkehrungen, die zur Erzielung absolut genauer Resultate erforderlich sind, und die nur mit den Hilfsmitteln eines entsprechend eingerichteten Maschinenlaboratoriums erzielt werden können. Es wäre sehr zu begrüßen, wenn eingehende Versuche in dieser Richtung in der angedeuteten Weise durchgeführt würden.

Die Entzündungstemperatur von Erdölen in Luft schwankt bei den Versuchen von Constam und Schläpfer und denen von Holm zwischen 390° und 510°, diejenige von Braunkohlenteeröl zwischen 400° und 500°. Setzt man für den vorliegenden Fall die Entzündungs-

---

[1]) H. Holm, Über Entzündungstemperaturen (Zündpunkte) besonders von Brennstoffen. Zeitschr. f. angew. Chemie 1913, Nr. 37.

temperatur $= 450°$, so wird $T_0 = 273° + 450° = 723°$. Die so erhaltenen Werte in die Gl. (5) eingesetzt ergibt

$$(6) \qquad p_1 = p_0\left(1 + \frac{2000}{723}\right) = p_0(1 + 2,77)$$

und damit
$$(7) \qquad p_1 = 3,77 \cdot p_0 .$$

Aus der Gleichung

$$(8) \qquad \frac{T_0}{T_a} = \left(\frac{p_0}{p_a}\right)^{\frac{n-1}{n}}$$

folgt mit einer Anfangstemperatur des Gemisches bei Beginn der Kompression von

$$t_a = \ 70° \text{ und}$$
$$T_a = 273° + 70° = 343°$$

und einem $n = 1{,}40$:
$$p_0 = 12,2 \text{ at abs.}$$

und
$$p_1 = 12,2 \cdot 3,77 = 46 \text{ at abs.}$$

Hieraus ergibt sich, daß die Frühzündung bei 12,20 at einsetzt und einen Höchstdruck von 46 at erreicht.

Die vorstehende Berechnung der Werte von p_0 und p_1 ist in erster Linie zunächst deswegen durchgeführt worden, um ein klares Bild über die diese Zahlenwerte beeinflussenden Faktoren zu erhalten, zumal man erst auf diese Weise in der Lage ist, die aus Versuchen erhaltenen Werte für diese Drücke dahingehend zu beurteilen, inwieweit man es mit Zufalls- oder Regelwerten zu tun hat. Auf diese Gesichtspunkte wird bei der Erörterung einer diesbezüglichen Versuchsreihe zurückgegriffen werden. Nachdem nunmehr der durch die momentane Verbrennung entstehende Druck bestimmt ist, kann der im Zylinder durch den weiter einwärts laufenden Kolben hervorgerufene Höchstdruck berechnet werden.

Unter denselben Annahmen wie oben ($n = 1{,}40$ — $p_a = 0{,}9$ at — $\varepsilon = 14$) findet sich der normale Kompressionsenddruck zu $p_c = 36{,}2$ at. Damit folgt ohne weiteres der Höchstdruck p_h zu

$$(9) \qquad p_h = p_1 \frac{p_c}{p_0} = 46\,\frac{36,18}{12,20} = 137 \text{ at.}$$

In Fig. 4 ist der Druckverlauf bei Frühzündungen auf Grund der vorstehenden Berechnungen in Diagrammform dargestellt.

Auf Grund der vorstehenden Berechnungen ist zunächst rein theoretisch festgestellt, daß in Zylindern von Dieselmotoren, falls ein Entweichen der Gase nicht möglich ist, Höchstdrücke von rund 140 at beim Auftreten von Frühzündungen möglich sind. Bei der Beurteilung der Frage, inwieweit diese Zahl als zuverlässig zu betrachten ist, muß gesagt werden, daß der Druck von 140 at im praktischen Betrieb eher über- als unterschritten wird, besonders dann, wenn aus irgendeinem Grunde Zündungsversager eintreten und bei der dann einsetzenden Zündung mehr als das angenommene normale Treibölquantum zur Entflammung kommt. Für die Möglichkeit, daß der Höchstdruck noch wesentlich höhere Werte als der berechnete annimmt, kommt vor allem noch ein weiterer Gesichtspunkt in Frage, auf den schon auf S. 8 hingewiesen worden ist, nämlich der Umstand, daß nicht die gesamte Gasmasse gleichzeitig zur Entflammung kommt. Werden z. B. durch die Einwirkung des heißen Kolbenbodens die diesem zunächst liegenden Gemischschichten bis zur Entzündungstemperatur erhitzt, bevor die gesamte Gasmasse durch die Kompressionswärme diese Temperatur erreicht hat, so

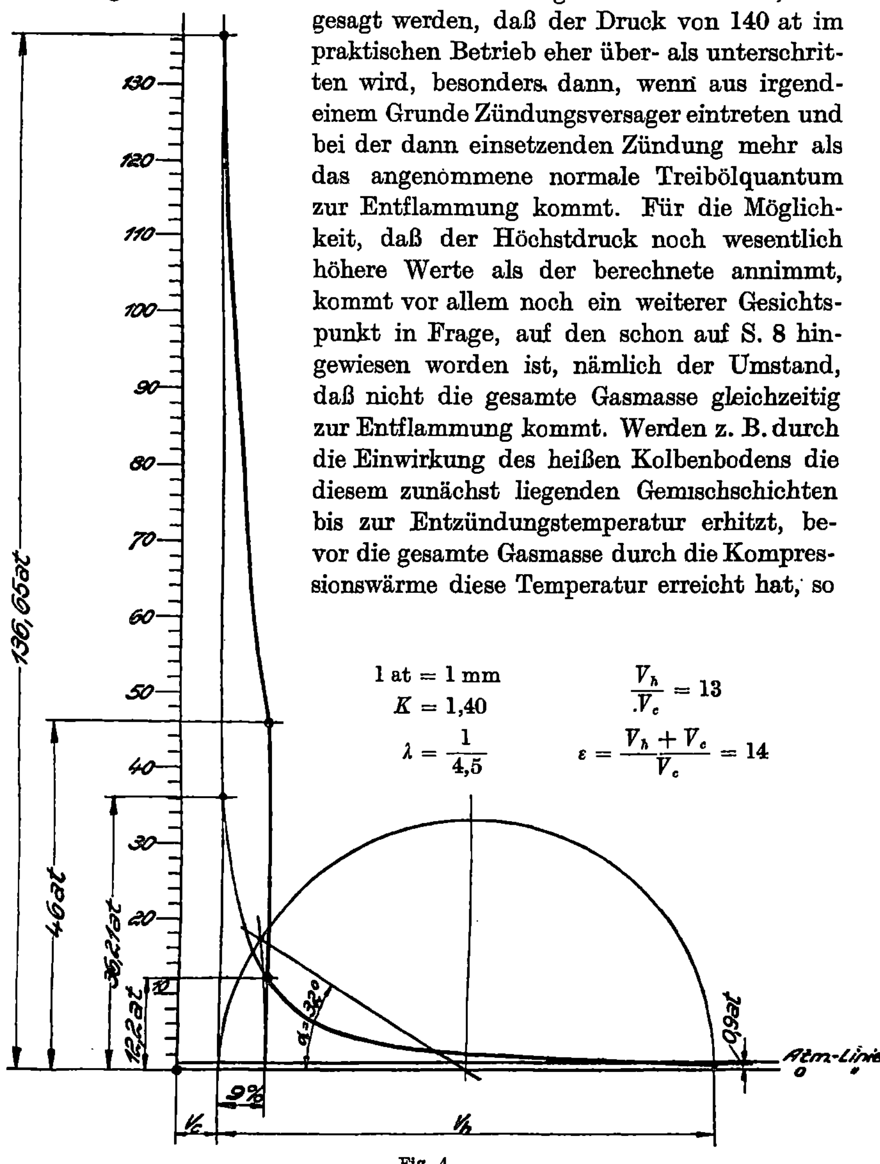

Fig. 4.

wird eine lokale Entzündung einsetzen. Hierdurch können unter Umständen heftige Schwingungen in der Gasmasse auftreten, die zu momentanen lokalen, zusätzlichen Drucksteigerungen führen können.

Das Auftreten derartiger „Explosionswellen" ist jedoch bei den hier in Frage stehenden Frühzündungen in Zylindern von Dieselmotoren sehr unwahrscheinlich, weil die Gasmasse vor und während der Entflammung durch die ständig einströmende Einblaseluft in heftige Wirbelbewegungen versetzt wird, so daß eine lokale Erhitzung kaum möglich erscheint.

Im übrigen verweise ich bezüglich dieser Erscheinungen auf die Ausführungen im Abschnitt III 2.

Es ergibt sich demnach mit großer Wahrscheinlichkeit, daß man bei Frühzündungen in Zylindern von Dieselmotoren mit Höchstdrücken von rund 140 at zu rechnen hat.

Es bliebe nun noch die Frage zu beantworten, wie hoch der Zünddruck in den beiden anderen Fällen wird, durch welche Frühzündungen entstehen können, nämlich durch Ölansammlung auf dem Kolben und durch Ansaugen von Schmieröldämpfen aus dem Kurbelgehäuse.

Eine Ansammlung von Treiböl auf dem Kolbenboden wird meist dadurch verursacht, daß eine Nadel zwecks Revision ausgebaut wird, wodurch das im Zerstäuber befindliche Öl durch die Düsenöffnung auf den Kolben herabläuft. Um festzustellen, daß hierdurch Drucksteigerungen im Zylinder herbeigeführt werden, und um zu untersuchen, wie hoch der Zünddruck

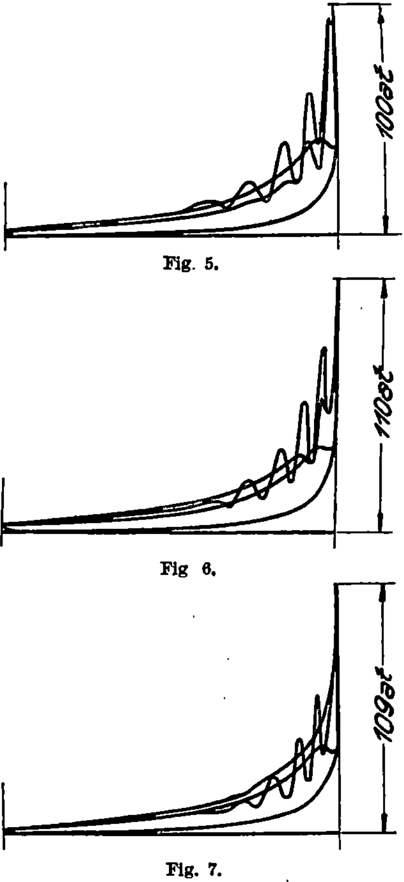

Fig. 5.

Fig 6.

Fig. 7.

hierbei ansteigt, habe ich an einem Dieselmotor entsprechende Versuche ausgeführt. Die Versuche wurden folgendermaßen vorgenommen.

Nachdem die Brennstoffnadel herausgenommen worden war, wurde ein bestimmtes Treibölquantum, welches etwas größer war als die bei jeder Zündung im normalen Vollastbetrieb eingeblasene Ölmenge, in den Zerstäuberraum hineingegossen, so daß das Öl durch die Düsenöffnung auf den Kolben fließen mußte. Der Kolbenboden war bei dem Versuchsmotor nach unten gewölbt, so daß sich das Treiböl in der Mitte des Bodens ansammeln mußte. Hierauf wurde die Brennstoffnadel wieder eingebaut und der Motor angelassen. Gleichzeitig mit der Umschaltung der Steuerung von „Anlassen" auf „Zündung" wurde der Schreibstift des Indikators zur Anlage auf dem Papier gebracht, so daß möglichst nur die Zündung selbst, nicht aber das Preßluft-Anfahrdiagramm, aufgezeichnet wurde. Um in den Diagrammen den vollen Zünddruck zu erhalten, war ein Sicherheitsventil während der Versuche an den Zylinder nicht angebaut. In den Fig. 5—7 sind drei Diagramme dieser Versuche wiedergegeben. Der Höchstdruck im Zylinder ergibt sich aus diesen Diagrammen zu 100—110 at.

Aus diesen Versuchen ist zu folgern, daß auch durch Ansammlungen von Treiböl im Arbeitszylinder sehr hohe Zünddrücke entstehen können, welche allerdings rasch verschwinden, da meist schon nach dem zweiten oder dritten Einblasen der normale Druckverlauf im Zylinder eintritt, wie dies auch aus den wiedergegebenen Diagrammen deutlich ersichtlich ist.

Bezüglich der Entstehung und Wirkung von Frühzündungen, die dadurch hervorgerufen werden, daß Öldämpfe aus dem Gehäuse in den Arbeitszylinder gelangen, muß ich auf Einzelfälle zurückgreifen, welche beim Ausprobieren von Dieselmotoren im Prüffeld von mir beobachtet und untersucht werden konnten. Diese Erscheinung künstlich zu Versuchszwecken herbeizuführen, ist nur sehr schwer möglich, weil die Faktoren, welche die Bildung eines zündfähigen Gemisches bedingen, nur durch mühsames Probieren gegeneinander abgestimmt werden können. In zwei Fällen konnte ich Frühzündungen dieser Art beobachten, und in einem der beiden Fälle gelang es auch durch Indizieren der Arbeitszylinder, den entstandenen Höchstdruck im Zylinder, wobei das auf 70 at eingestellte Sicherheitsventil noch nicht abblies, zu messen. Der Höchstdruck der Zündung betrug 65—70 at. In beiden Fällen blieben die Motoren in Betrieb, trotzdem die Brennstoffpumpen abgeschaltet waren. Das Ansaugen der Öldämpfe aus dem Gehäuse war dadurch entstanden, daß die zur Entlüftung des Gehäuses zwischen den Saugrohren der Arbeitszylinder und dem Kurbelgehäuse hergestellte Verbindungsleitung einen zu großen Durchgangsquerschnitt aufwies, so daß ein zu großer Prozentsatz der Ansaugeluft aus dem Gehäuse entnommen wurde. Nachdem der Durchgangsquerschnitt entsprechend verkleinert war, wurden die Frühzündungen nicht mehr beobachtet, trotzdem die Entlüftung des Kurbelgehäuses immer noch vollkommen ausreichend blieb.

4. Das Sicherheitsventil.

a) Der Entspannungsvorgang.

Ich wende mich nunmehr zu den Gesichtspunkten, welche sich auf Grund der vorstehenden Untersuchungen für die Konstruktion der Arbeitszylinder und Triebwerksteile ergeben.

Die Maßnahmen, welche der Konstrukteur gegen das Hängenbleiben der Brennstoffnadeln zu treffen hat, werden im zweiten Teil dieser Abhandlung in anderem Zusammenhang erörtert; hier handelt es sich zunächst lediglich um den Arbeitszylinder selbst, unter der Voraussetzung, die nicht außer acht gelassen werden darf, daß ein Hängenbleiben von Brennstoffnadeln niemals gänzlich verhindert werden kann.

Die Forderungen, welche bei der Konstruktion und der Herstellung der Zylinder aufzustellen und zu erfüllen sind, lassen sich folgendermaßen zusammenfassen:

a) Ausrüstung der Arbeitszylinder mit hinreichend großen und zuverlässig arbeitenden Sicherheitsventilen.

b) Genügende Festigkeit sämtlicher durch das Auftreten von Frühzündungen beanspruchten Konstruktionsteile unter Zugrundelegung der höchstmöglichen Drücke, und sorgfältige Prüfung der in Frage kommenden Maschinenteile durch zweckentsprechend gewählten Probedruck.

Von der sachgemäßen Konstruktion, richtigen Dimensionierung und guten Instandhaltung des Sicherheitsventils hängt die Betriebssicherheit des Motors in hohem Maße ab. Die Anbringung von Sicherheitsventilen an den Arbeitszylindern ist aus diesem Grunde eine unerläßliche Forderung bei Dieselmotoren. Damit ein solches Sicherheitsventil den Anforderungen voll entsprechen kann, muß erstens der erforderliche Durchgangsquerschnitt und die richtige Federbelastung vorhanden sein, und zweitens muß die Konstruktion des Ventils den schwierigen Betriebsverhältnissen, unter denen es zu arbeiten hat, in jeder Beziehung entsprechen.

Wie wenig Beachtung diesem wichtigen Einzelteil bei Dieselmotoren bisher geschenkt worden ist, beweist schon der Umstand, daß heute noch viele Dieselmotoren ein Sicherheitsventil an den Arbeitszylindern überhaupt nicht haben. Dazu kommt, daß über die Bemessung der Durchgangsquerschnitte und die Berechnung der Ventilfeder die Meinungen noch sehr weit auseinandergehen, zumal die Theorie derartiger Sicherheitsventile bisher einwandfrei überhaupt nicht aufgestellt worden ist.

Es handelt sich infolgedessen zunächst darum, den Vorgang der Entspannung durch ein solches Sicherheitsventil näher zu untersuchen.

Bei der im vorigen Abschnitt durchgeführten Untersuchung des Druckverlaufes im Arbeitszylinder beim Auftreten von Frühzündungen ist festgestellt worden, daß die durch ein Hängenbleiben der Brennstoffnadel verursachten Drucksteigerungen bei weitem am höchsten sind. Infolgedessen sind auch diese Frühzündungen maßgebend für die Berechnung des Durchgangsquerschnittes und der Federbelastung des

Sicherheitsventils. Ich greife jetzt zurück auf Fig. 4, in welcher der Druckverlauf im Arbeitszylinder bei einer solchen Frühzündung dargestellt ist, und zwar auf Grund theoretischer Ermittlungen, welche den Beginn der Frühzündung bei einem Kompressionsdruck von 12,2 at und den Höchstdruck zu 46 at ergaben. Aus dem Berechnungsgang folgte weiterhin, daß diese Zahlen lediglich abhängig sind von der Entzündungstemperatur des Treiböles, abgesehen vom Verlauf der Kompressionslinie, der jedoch bei allen Ölmotoren praktisch derselbe ist. Da auch die Entzündungstemperatur bei allen in Frage kommenden Treibölen praktisch gleich ist, ebenso der Wärmezustand des Zylinderinneren, durch welchen der Beginn der Frühzündung jedenfalls in gewissem Maße beeinflußt wird, so können die Zahlen — 12,2 at für den Beginn der Zündung und 46 at für den Höchstdruck — als Konstanten angesehen werden. Ich habe ferner gezeigt, daß der weiterlaufende Kolben die Gase nach erfolgter Zündung von 46 at ab weiter bis auf rund 137 at komprimiert.

Es handelt sich nun zunächst darum, zu untersuchen, wie dieser Druckverlauf im Zylinder ein Sicherheitsventil, welches auf p_0 at eingestellt sein möge, beeinflußt, d. h. wie sich der Vorgang des Druckausgleiches abspielt.

Nach erfolgter Zündung wird zunächst der Kolben die Gase im Zylinder weiter zusammendrücken. Sobald hierbei ein Druck von p_0 at erreicht worden ist, befindet sich der Ventilkegel auf seinem Sitz in der Schwebe, der Hub des Ventils ist hierbei noch Null, ein Ausströmen von Gasen findet also noch nicht statt.

Damit nun der Ventilkegel mit der Masse m einen Teil h' seines Hubes in der Zeit t zurücklegt, muß auf ihn eine Kraft

$$(1) \qquad P = \frac{2\,m\,h'}{t^2} = p' \cdot f_0$$

ausgeübt werden, wenn f_0 den freien Ventilquerschnitt unterhalb des Kegels bezeichnet. Mit p' ist in dieser Gleichung der über den Druck p_0 hinausgehende Druck unterhalb des Ventilkegels bezeichnet, durch welchen die Beschleunigung des Kegels erzeugt wird. Da nun aber in der Zeit t, während welcher der Druck p', den ich im folgenden als Staudruck bezeichnen werde, das Ventil allmählich um den Betrag h' gehoben hat, der Querschnitt $d_0\,\pi\,h'$ freigegeben worden ist, so erfolgt während dieser Zeit auch schon ein Ausströmen von Gasen durch den Spaltquerschnitt. Hieraus erkennt man, daß der Verlauf der Kurve des Staudruckes, der zum Anheben des Ventils erforderlich ist, eine Funktion ist, einerseits des jeweilig erreichten Spaltquerschnittes und andererseits der hierzu gehörigen Stellung des Arbeitskolbens, durch welche der augenblickliche Kompressionsdruck bestimmt ist.

Da nun zu Beginn des Anhubes des Sicherheitsventils der Durchgangsquerschnitt noch nicht genügt, um die vom Kolben weiter komprimierten Gase genügend schnell ohne Rückstau ausströmen zu lassen, so wird der Druck im Zylinder weiter ansteigen und hierdurch das Ventil weiter gehoben werden, bis es den vollen Hub zurückgelegt hat und durch die Hubbegrenzung an einem weiteren Anheben gehindert wird. Von diesem Augenblick an entweichen die Gase durch den vollen Durchgangsquerschnitt, bis der Kolben seine innere Totlage erreicht hat. Während der bisher betrachteten Periode des Entspannungsvorganges greifen also Ausströmungserscheinungen und dynamische Erscheinungen eng ineinander; der ganze Vorgang wird nun aber durch einen weiteren Umstand noch verwickelter, und zwar dadurch, daß das Ausströmen der Gase auch noch dann weiter andauert, nachdem der Kolben die innere Totlage durchlaufen und den nächsten Hub begonnen hat, weil, wie sich durch die späteren Entwicklungen zeigen wird, der Druck im Zylinder stets höher ist als der Druck, auf den das Sicherheitsventil eingestellt ist.

Ein Versuch, die Zusammenhänge der vorstehend beschriebenen Vorgänge des Ausströmens der Gase durch das Sicherheitsventil rechnerisch zu verfolgen, führte mich auf außerordentlich komplizierte Entwicklungen, deren Zurückführung auf praktisch brauchbare Formeln nicht gelang, zumal in Wirklichkeit noch eine Reihe anderer Faktoren hierbei mitspielen, die in vorstehendem noch nicht mit berücksichtigt wurden, die aber bei der Durchführung einer genauen Theorie nicht außer acht gelassen werden können. Die Aufstellung einer einwandfreien Theorie für den Entspannungsvorgang bei dem hier in Frage stehenden Sicherheitsventil gestaltet sich noch weit schwieriger, als dies z. B. bei der Untersuchung des Ventilspieles bei Wasserpumpen und Kompressoren der Fall ist, bei denen man trotz der wesentlich einfacheren Sachlage und trotz zahlreicher Versuche und mathematisch-mechanischer Untersuchungen bis heute befriedigende theoretische Unterlagen, die für Berechnungen in der Praxis brauchbar sind, noch nicht hat schaffen können.

Unter Berücksichtigung dieser Verhältnisse und in Anbetracht der großen Bedeutung, welche man einer Klärung dieser Frage bei Sicherheitsventilen an den Arbeitszylindern von Dieselmotoren beimessen muß, werde ich im nachfolgenden versuchen, die Theorie für die Berechnung der Querschnitte und Federbelastung unter gewissen, die Rechnung vereinfachenden Annahmen als Näherungsverfahren zu entwickeln, um am Schluß dieser Untersuchung zu prüfen, inwieweit diese Annahmen für die praktische Berechnung der Sicherheitsventile nach den gewonnenen Formeln zulässig sind.

b) Die Austrittsquerschnitte.

Ich nehme zunächst an, daß das Ventil um den Betrag seines vollen Hubes h gehoben ist; der Spaltquerschnitt ist dann $f_s = d_0\,\pi\,h$,

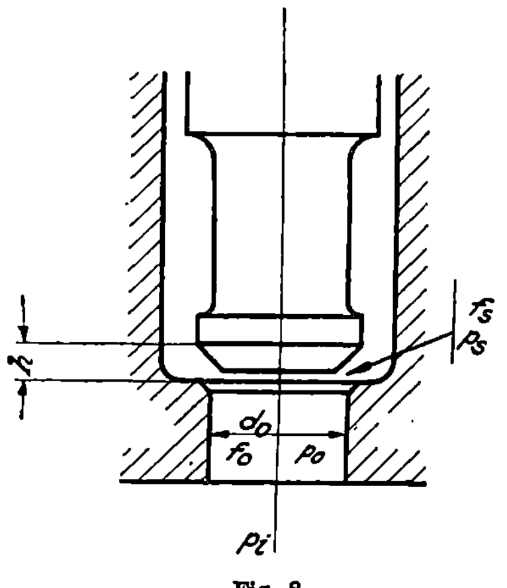

Fig. 8.

und der Durchgangsquerschnitt unterhalb des Kegels $f_0 = \dfrac{d_0^2\,\pi}{4}$ (vgl. Fig. 8). Es soll nun zunächst die Frage untersucht werden, wie groß hierbei der Spaltquerschnitt f_s zu bemessen ist, damit die vom Kolben verdrängten Gase ohne Rückstau entweichen können. Ein Rückstau wird im Zylinder nicht entstehen, wenn das in der Zeiteinheit durch den engsten Querschnitt f_s ausströmende Gasgewicht G_v gleich oder größer ist als das vom Kolben in der Zeiteinheit verdrängte Gasgewicht G_k.

c) Das ausströmende Gasgewicht.

Ist der Druck p in einem beliebigen Querschnitt f der Austrittsöffnung bekannt, und ist p_i der Druck in dem Raum, aus dem das Gas ausströmt, so ist die Ausflußgeschwindigkeit im Querschnitt f bekanntlich

$$(2) \qquad w = \sqrt{2\,g\,\frac{n}{n-1}\,p_i\,v_i\left[1 - \left(\frac{p}{p_i}\right)^{\frac{n-1}{n}}\right]}\ \text{m/sec.}$$

In der Stetigkeitsgleichung für das sekundliche Gasgewicht

$$(3) \qquad G = \frac{f\cdot w}{v}\ \text{kg/sec}$$

kann man einsetzen

$$(4) \qquad v = v_i\left(\frac{p_i}{p}\right)^{\frac{1}{n}}$$

und findet

$$(5) \qquad G = \frac{f}{v_i}\left(\frac{p}{p_i}\right)^{\frac{1}{n}}w\ .$$

Mit dem Wert für w aus Gl. (2) wird hieraus

$$(6) \qquad \frac{G}{f} = \sqrt{\frac{2\,g\,n}{n-1}\,\frac{p_i}{v_i}\left[\left(\frac{p}{p_i}\right)^{\frac{2}{n}} - \left(\frac{p}{p_i}\right)^{\frac{n+1}{n}}\right]}\ .$$

Der Wert $\left(\dfrac{G}{f_s}\right)$, wo f_s den engsten Mündungsquerschnitt bezeichnet, wird ein Maximum, wenn

$$(7) \qquad p = p_m = p_i \left(\frac{2}{n+1}\right)^{\frac{n}{n-1}}$$

wird. Dies eingeschoben in Gl. (6) gibt

$$(8) \qquad G_{\max} = f_s \sqrt{\frac{2\,g\,n}{n-1}\,\frac{p_i}{v_i}\cdot\left[\left(\frac{2}{n+1}\right)^{\frac{2}{n-1}} - \left(\frac{2}{n+1}\right)^{\frac{n+1}{n-1}}\right]},$$

durch einiges Umformen folgt

$$(9) \qquad G_{\max} = f_s \sqrt{\frac{p_i}{v_i}} \sqrt{\frac{2\,g\,n}{n+1}} \left(\frac{2}{n+1}\right)^{\frac{1}{n-1}}.$$

Setzt man für Gase den Exponenten $n = 1{,}40$, so ergibt sich die bekannte Formel von Zeuner für f_s in m²:

$$(10) \qquad G_{\max} = G_v = 215\,f_s \sqrt{\frac{p_i}{v_i}} \ \text{kg/m}^2 \cdot \text{sec}.$$

Aus dieser Gleichung ist das größte Ausflußgewicht zu ermitteln, welches durch den engsten Querschnitt f_s des Sicherheitsventils pro Sekunde austritt, wenn die Gase im Zylinder einen Druck p_i (in at) entsprechend einem spezifischen Volumen v_i (in m³/kg) haben. Die Gleichung gilt für verlustfreie Strömung.

d) Das vom Kolben verdrängte Gasgewicht.

Das Gewicht G_k der vom Kolben in der Zeiteinheit (1 sek.) verdrängten Gase ist durch

$$(11) \qquad G_k = F \cdot c'_m \cdot \gamma = \frac{F \cdot c'_m}{v_i}$$

gegeben, worin bedeutet:

F die Kolbenfläche in m²,
c'_m die mittlere Kolbengeschwindigkeit während des Ausströmvorganges in m/sec,
γ das spezifische Gewicht der Gase in kg/m³,
v_i das spezifische Volumen der Gase in m³/kg.

Es handelt sich nun zunächst darum, den Wert der mittleren Kolbengeschwindigkeit c'_m zu bestimmen. Ich greife zu diesem Zweck zunächst auf das in Abschnitt II 3 über den Verlauf der Frühzündung Gesagte zurück.

Der Beginn der Frühzündungen ist lediglich abhängig von der momentanen Temperatur und damit vom Druck des Öl-Luftgemisches.

Da die Temperatur als Entzündungstemperatur der in Betracht kommenden Treiböle in Luft eine konstante Größe ist, so wird die Frühzündung in bezug auf die Kurbelstellung stets an derselben Stelle einsetzen, d. h. der Winkel α in Fig. 4 hat stets praktisch dieselbe Größe, falls die Entzündungstemperatur des Treiböls dieselbe bleibt, und falls derselbe Verlauf der Kompressionslinie vorliegt. Beides kann innerhalb der hier in Frage kommenden Genauigkeitsgrenze als zutreffend angesehen werden. Unter Zugrundelegung eines mittleren Wertes von 4,5 für $\dfrac{1}{\lambda}$ ergibt sich bei einem Beginn der Zündung nach Erreichung eines Kompressionsdruckes von 12,20 at der Ausschubwinkel α zu 32°. Durchläuft die Kurbel diesen Winkel von 32°, so legt der Kolben noch einen Weg $= 9\%$ des Hubes zurück.

Bei dieser Stellung des Kolbens in einer Entfernung $= 9\%$ des Hubes von der inneren Totlage beträgt der Höchstdruck durch die Frühzündung im Zylinder erst 46 at. Da die Sicherheitsventile niemals auf weniger als 50 at eingestellt werden können, so wird ein Abblasen des Sicherheitsventils in dieser Kolbenstellung noch nicht eintreten, sondern erst nachdem der Druck durch Weiterkomprimieren von 46 auf 50 at gestiegen ist. Mit Rücksicht auf den relativ kleinen Unterschied dieser beiden Werte und den Umstand, daß der Druck von 12,2 at, bei welchem die Frühzündung einsetzt, praktisch auch nicht absolut festliegt, sondern innerhalb wenn auch nur enger Grenzen schwanken wird, kann man ohne Bedenken für c'_m den Wert zugrunde legen, der sich aus der mittleren Kolbengeschwindigkeit beim Durchlaufen der Strecke vom Beginn der Frühzündung bis zur inneren Totlage, d. h. der letzten 9% des Kolbenhubes, ergibt, zumal dann die wirklich auftretende mittlere Kolbengeschwindigkeit und damit auch G_k kleiner, also günstiger ist als für die Rechnung angenommen.

Die mittlere Kolbengeschwindigkeit beim Durchlaufen des Winkels α findet sich zu

$$(12) \qquad c'_m = \frac{\text{Weg}}{\text{Zeit}} = \frac{0,09\,S}{\left(\dfrac{32}{6\,n}\right)} \text{ m/sec,}$$

wenn S den Kolbenhub in m und n die Umdrehungszahl p. m. bezeichnet. Zusammengezogen ergibt sich

$$(13) \qquad c'_m = 0,0169 \cdot S \cdot n \text{ m/sec.}$$

Bezeichnet F die Kolbenfläche des Arbeitskolbens in m^2, so läßt sich für das pro Sekunde verdrängte Gasgewicht, bezogen auf die mittlere Kolbengeschwindigkeit während des Ausschiebens, schreiben:

$$(14) \qquad G_k = \frac{F \cdot c'_m}{v_i} = \frac{F}{v_i} \cdot 0,0169 \cdot S \cdot n \text{ kg/sec.}$$

Da das Produkt $F \cdot S = V_h$ das Hubvolumen des Zylinders in m³ darstellt, so wird

$$(15) \qquad G_k = \frac{V_h}{v_i}\, n \cdot 0{,}0169 \text{ kg/sec} .$$

e) Der Mindestquerschnitt der Austrittsöffnung.

Soll nun während des Ausschiebens ein Rückstau im Zylinder nicht entstehen, so muß $G_k \leqq G_v$ sein. Setzt man die hierfür in Gl. (15) und (10) gefundenen Werte für G_k und G_v einander gleich, so erhält man

$$(16) \qquad 215 \cdot f_s \sqrt{\frac{p_i}{v_i}} = \frac{V_h}{v_i}\, n \cdot 0{,}0169$$

oder für den Mindestwert des Austrittsquerschnittes in m²

$$(17) \qquad f_s = 0{,}0000787 \, \frac{V_h \cdot n}{\sqrt{v_i \cdot p_i}}$$

oder mit f_s in cm²

$$(18) \qquad f_s = 0{,}787 \, \frac{V_h \cdot n}{\sqrt{v_i \cdot p_i}} \text{ cm}^2.$$

Mit dieser Gleichung ist eine sehr einfache Beziehung gefunden, aus welcher der engste Mündungsquerschnitt, das ist der Spaltquerschnitt des Ventils, berechnet werden kann, sobald es gelingt die während des Ausströmens vorhandenen Werte von p_i und v_i zu bestimmen. V_h, das Hubvolumen und n, die Umlaufzahl p. m., sind durch die in Frage stehende Maschine gegeben.

f) Der Druck p_i im Zylinder.

Wir legen der Untersuchung ein Ventil zugrunde, wie es in Fig. 8 dargestellt ist. Der Einlauf wird gebildet durch eine zylindrische Bohrung vom Durchmesser d_0 und den Querschnitt f_0. Das Ventil sei um den Betrag h angehoben, der Spaltquerschnitt ist $f_s = \pi \cdot d_0 \cdot h$. Befindet sich das Ventil im Schwebezustand, so wirkt der Federkraft P entgegen der Gasdruck p_0 im Querschnitt f_0, der mit P im Gleichgewicht steht. Es ist demnach

$$(19) \qquad p_0 = \frac{P}{f_0} .$$

Ist nun $f_0 = f_s$, so ist f_0 als engster Querschnitt zu betrachten. In diesem Falle wird $p_s = p_0$, und es wird sich der Druck p_i im Zylinder derart einstellen müssen, daß

$$(20) \qquad p_s = p_0 = p_i \left(\frac{2}{n+1}\right)^{\frac{n}{n-1}}$$

oder da

$$(21) \qquad \left(\frac{2}{n+1}\right)^{\frac{n}{n-1}} = 0{,}531 \quad (n = 1{,}38)\,,$$

so wird

$$(22) \qquad p_i = \frac{p_0}{0{,}531} = \frac{P}{0{,}531 \cdot f_0}\,.$$

Ist dagegen f_0 größer als f_s, so wird die maximale Geschwindigkeit und damit der niedrigste Druck im engsten Querschnitt f_s auftreten, der Druck p_0 im Querschnitt f_0 dagegen wird größer sein. Da das ausströmende Gewicht in der Zeiteinheit für jeden Querschnitt konstant ist und außerdem p_0 durch die Beziehung $p_0 = \dfrac{P}{f_0}$ gegeben ist, so läßt sich aus der oben entwickelten Gleichung

$$(6) \qquad G = f\sqrt{\frac{2\,g\,n}{n-1}\cdot\frac{p_i}{v_i}\left[\left(\frac{p}{p_i}\right)^{\frac{2}{n}} - \left(\frac{p}{p_i}\right)^{\frac{n+1}{n}}\right]}$$

der Wert $\dfrac{p_0}{p_i}$ und damit p_i berechnen, indem man $f = f_0$ und $p = p_0$ setzt.

Man erkennt aus der vorstehenden Diskussion, daß der im Zylinder sich einstellende Druck p_i **nicht nur von der Federbelastung** P **des Ventils, sondern auch von dem Verhältnis der Querschnitte** $\dfrac{f_s}{f_0}$ abhängig ist, derart, daß p_i um so größer wird, je größer der Quotient $\dfrac{f_s}{f_0}$ ist. Der praktisch in Betracht kommende Maximalwert von $\dfrac{f_s}{f_0}$ ist 1, hierbei erreicht p_i seinen Maximalwert:

$$p_{i\,\text{max}} = \frac{P}{0{,}531 \cdot f_0}\ \text{at.}$$

Hieraus folgt also zunächst die überaus wichtige Tatsache, daß bei einem Sicherheitsventil, bei dem $h = \dfrac{d_0}{4}$ ist, und dessen Feder auf z. B. 60 at eingestellt ist, im Zylinder ein Innendruck von $\dfrac{60}{0{,}531} = 113$ at entstehen muß, wenn der Durchgangsquerschnitt des Ventils so dimensioniert ist, daß er für die Entspannung voll benötigt wird und ausreicht. **Hierdurch erklärt es sich auch, daß beim Abblasen von Sicherheitsventilen stets im Zylinder ein weit höherer Druck beobachtet wird als man nach der Einstellung des Ventils erwarten sollte.** Nur bei einem Ventil mit unendlich kleinem Hub würde der Druck im Zylinder nicht höher werden als der Druck, auf den das Ventil eingestellt ist.

Je größer der Querschnitt f_0 ist im Verhältnis zu f_s, um so höher wird der Druck im Querschnitt f_0 sein, welcher der Federbelastung das Gleichgewicht hält.

Es ist nun an Hand dieser Untersuchung mit Hilfe von Gl. (6) ohne weiteres möglich, für die verschiedenen Werte von $\dfrac{f_s}{f_0}$ die zugehörigen Werte des Quotienten $\dfrac{p_0}{p_i}$ zu berechnen, und in Form einer Tabelle

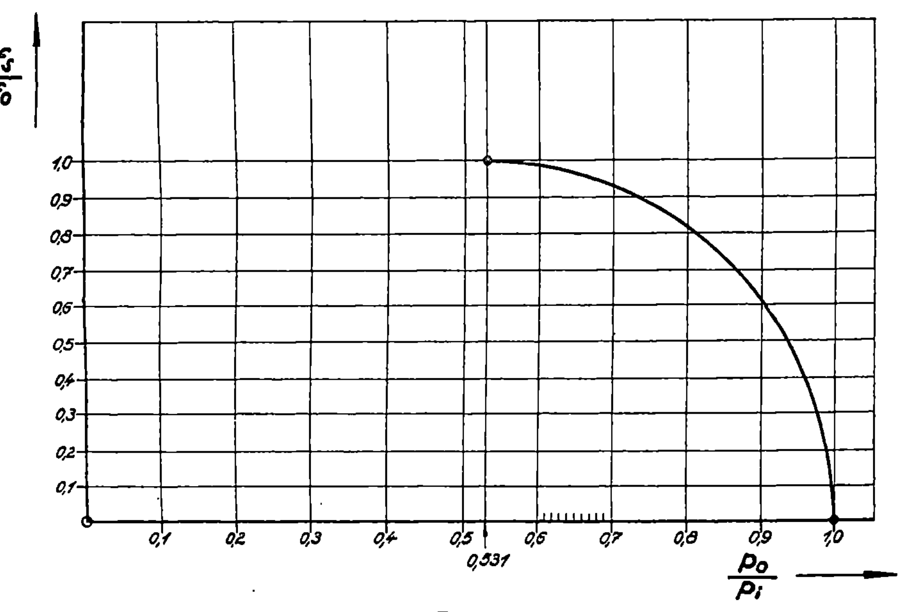

Fig. 9.

oder einer Kurve anzugeben, aus welcher man dann ohne weiteres für ein gegebenes $\dfrac{f_s}{f_0}$ und p_0 den sich im Zylinder einstellenden Druck p_i ermitteln kann.

Ich habe zu diesem Zweck die in Fig. 9 wiedergegebene Kurve gezeichnet, in welcher zu den Werten von $\dfrac{f_s}{f_0}$ als Ordinaten die verschiedenen Werte von $\dfrac{p_0}{p_i}$ als Abszissen eingetragen sind. Bendemann[1]) und Wagner[2]) haben darauf hingewiesen, daß diese Kurve mit großer Annäherung eine Ellipse oder bei entsprechend gewähltem

---

[1]) F. Bendemann, Über den Ausfluß des Wasserdampfes und über Dampfmengenmessung. Mitteilungen über Forschungsarbeiten, Heft 37. Berlin 1907.

[2]) P. Wagner, Der Wirkungsgrad von Dampfturbinen-Beschauflungen. Berlin 1913.

Maßstab ein Kreis ist. Da der Quotient $\dfrac{f_s}{f_0}$ lediglich von dem Verhältnis des Ventilhubes zum Durchmesser der Bohrung d_0 abhängt, indem

$$(23) \qquad \frac{f_s}{f_0} = \frac{\pi \cdot d_0\, h}{\dfrac{\pi\, d_0^2}{4}} = \frac{4\,h}{d_0} = 4\,\varrho \,,$$

so ist es für den praktischen Gebrauch bequem, wenn man als Ordinaten den Wert ϱ aufträgt und als Abszissen den Druck p_i . Man erhält dann für die verschiedenen Werte von $p_0 = \dfrac{P}{f_0}$ eine Kurvenschar, mittels derer man dann für ein gewähltes ϱ unmittelbar den zugehörigen Wert von p_i abgreifen kann. In Fig. 10 habe ich diese Kurven aufgetragen, und zwar für $\varrho = 0 \div 0{,}25$ und $\dfrac{P}{f_0} = 50$, 60 und 70 at.

Aus diesen Kurven sind die grundlegenden Verhältnisse, welche dem Entspannungsvorgang durch Sicherheitsventile bei Dieselmotoren zugrunde liegen, anschaulich zu erkennen. Da ein Ventil mit einem bestimmten durch die Konstruktion gegebenen maximalen Wert von $\dfrac{h}{d_0}$ während des Öffnens alle darunterliegenden Werte von Null an aufwärts durchläuft, so gibt die betreffende Kurve in Fig. 10 den Druckverlauf von p_i auch für jede Zwischenstellung an; hierbei ist der Umstand besonders bemerkenswert, daß bei größer werdendem Hub der Druck p_i im Zylinder ansteigt und bei vollem Hub seinen Höchstwert erreicht. Diese im ersten Augenblick paradox erscheinende Feststellung findet darin ihre einfache Erklärung, daß trotz größer werdendem Hub der Druck p_0 erhalten bleiben muß, wenn das Ventil nicht sinken soll, und dies wiederum ist nur möglich, wenn p_i ansteigt.

Ich greife jetzt zurück auf die am Anfang der vorstehenden Entwicklung gemachte Annahme, daß während des ganzen Ausschubhubes der volle Spaltquerschnitt für die ausströmenden Gase zur Verfügung steht, d. h., daß das Ventil während der letzten 9% des Kompressionshubes um seinen vollen Betrag gehoben ist. Diese Annahme steht nun nicht allein mit der einfachen Überlegung, daß das Ventil eine endliche Zeit für das Zurücklegen seines vollen Hubes benötigt, in Widerspruch, sondern auch mit den vorstehend gewonnenen Ergebnissen bei der Untersuchung des Druckverlaufes im Zylinder. Hierbei war festgestellt worden, daß das Ventil unter der Einwirkung der ausströmenden Gase nur dann voll angehoben werden kann, wenn im Zylinder ein höherer Druck herrscht als $\dfrac{P}{f_0}$. Ist z. B. $\dfrac{h}{d_0} = 0{,}25$, so kann ein auf 60 at eingestelltes Ventil nur voll angehoben werden, wenn im Zylinder ein Druck $p_i = 113$ at herrscht. Da dieses Ventil aber seinen Anhub bei $p_i = 60$ at beginnt, so ist die Annahme, daß das Ventil während der ganzen Ausschubperiode voll geöffnet ist, selbst als grobe Annäherung nicht zulässig.

Es bliebe demnach noch zu untersuchen, inwiefern trotzdem die in vorstehendem entwickelte Formel für den mindest erforderlichen Spaltquerschnitt

$$(18) \qquad j_s = 0{,}787 \frac{V_h \cdot n}{\sqrt{v_i \cdot p_i}} \ \text{cm}^2$$

den wirklich vorliegenden Verhältnissen entspricht.

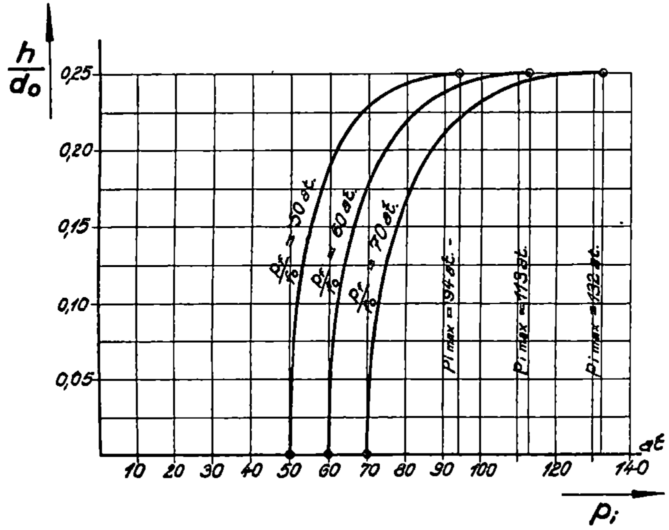

Fig 10.

Der Entspannungsvorgang wird sich in Wirklichkeit folgendermaßen abspielen.

Sobald der Druck im Zylinder auf den Betrag $\dfrac{P}{f_0}$ gestiegen ist, befindet sich das Ventil auf seinem Sitz in der Schwebe und der Anhub beginnt. Solange nun bei dem unter der Einwirkung des weiter ansteigenden Druckes p_i im Zylinder sich öffnenden Ventil der Hub noch kleiner ist als der errechnete Wert h, genügt der Spaltquerschnitt noch nicht für ein staufreies Abströmen der Gase, da hierbei $G_k > G_v$. Der Druck im Zylinder muß also weiter steigen, und zwar nicht nur wegen des noch nicht genügenden Ausströmquerschnittes, sondern auch deswegen, weil der durch das weitere Anheben des Ventils ständig wachsende Wert des Quotienten $\dfrac{h}{d_0}$ auch seinerseits wieder ein Ansteigen von p_i erfordert. Sobald nun das Ventil den vollen Hub h und damit auch der Druck im Zylinder den durch $\dfrac{P}{f_0}$ und $\dfrac{h}{d_0}$ gegebenen Maximalwert erreicht hat, beginnt das staufreie Ausströmen, da nunmehr $G_k = G_v$. Von diesem Augenblick an kann p_i nicht weiter ansteigen, d. h. der für das Anheben des Ventils um seinen vollen Hub h auf Grund der beiden Quotienten $\dfrac{P}{f_0}$ und $\dfrac{h}{d_0}$ erforderlichen Druck $p_{i\,\mathrm{max}}$ im Zylinder ist der höchste Druck, der im Zylinder überhaupt entstehen kann. Hieraus folgt, daß bei einem Ventil, dessen Spaltquerschnitt der Beziehung

$$(18) \qquad\qquad f_s = 0{,}787\,\frac{V_h \cdot n}{\sqrt{p_i \cdot v_i}}\ \mathrm{cm^2}$$

entspricht, der Druck im Zylinder nicht höher werden kann als der Wert $p_{i\,\mathrm{max}}$, der durch die Kurve in Fig. 10 als Funktion des Quotienten $\dfrac{h}{d_0}$ festgelegt ist. Nachdem nun das Ventil den vollen Hub h erreicht und damit den Spaltquerschnitt f_i freigelegt hat, erfolgt das Ausströmen der Gase zunächst bei einem Druck im Zylinder $p_{i\,\mathrm{max}}$ und weiterhin bei allmählich bis auf $p_i = \dfrac{P}{f_0}$ sinkendem Druck.

Bei welcher Kurbelstellung hierbei $p_i = \dfrac{P}{f_0}$ erreicht wird, ob im Totpunkt schon ($c = 0$) oder erst nach dem Totpunkt, ist für die hier vorliegende Frage belanglos. Das Wesentliche des ganzen Vorganges ist, daß $p_{i\,\mathrm{max}}$ keinesfalls überschritten werden kann.

Es ist noch darauf hinzuweisen, daß unter besonderen Verhältnissen die Möglichkeit vorliegt, daß der Wert $p_{i\,\mathrm{max}}$ nicht erreicht wird, und zwar deswegen, weil während des Anhubvorganges ja schon ein Ausströmen stattfindet derart, daß besonders bei Ventilen, bei denen h relativ groß ist, der volle Druckanstieg von $\dfrac{P}{f_0}$ auf $p_{i\,\mathrm{max}}$ wegen des Ausströmens während des Anhebens nicht voll zur Entwicklung kommt.

In dem eigenartigen Zusammenhang zwischen den Gasdrücken in den Querschnitten f_s und f_0 einerseits und dem Druck p_i im Zylinder andererseits, derart, daß bei kleiner werdendem f_s, also bei sinkendem Ventil, der Druck im Querschnitt f_0 sofort ansteigt und außerdem auch der Druck p_i im Zylinder hierbei wegen des verminderten Ausströmgewichts rasch anwächst, liegt die Erklärung des Umstandes, daß die Beschleunigung der Masse des Ventilkegels bei weitem nicht den Einfluß auf diese Vorgänge ausübt, wie man unter Berücksichtigung der relativ kurzen Zeiten, innerhalb deren der Entspannungsvorgang sich abspielt, annehmen könnte. Eine einfache Berechnung der für die Beschleunigung der Ventilmasse nach Gl. (1), S. 18, erforderlichen Kraft $f \cdot p'$ zeigt, daß die Größenordnung des Druckes p' gegenüber dem für das Offenhalten des Ventils erforderlichen und über $\dfrac{P}{f_0}$ hinausgehenden Druck sehr gering ist.

Ich möchte noch darauf hinweisen, daß bei den vorstehenden Ableitungen die Federkraft P bei allen Hüben als konstant angenommen wurde, was bei genügend weichen Federn und den in Betracht kommenden relativ. kleinen Hüben zulässig ist. Immerhin bietet es keine Schwierigkeiten, bei der praktischen Berechnung die proportional dem Ventilhub anwachsende Federkraft mit zu berücksichtigen.

Zusammengefaßt ergibt sich, daß die auf S. 28 abgeleitete Beziehung für den Spaltquerschnitt eine für alle praktischen Verhältnisse hinreichend genaue Formel darstellt, und daß bei einem Ventil, dessen Spaltquerschnitt f_s nach dieser Gleichung dimensioniert ist, der im Zylinder mögliche Höchstdruck bestimmt ist.

Es bleibt nunmehr bezüglich dieser Gleichung noch die Frage zu beantworten, welche Werte für die Wurzel $\sqrt{v_i \cdot p_i}$ in die Rechnung einzusetzen sind. Da der Ausströmungsvorgang bei einer Einstellung des Ventils auf z. B. $p_0 = 60$ at bei einem $p_i = 60$ at beginnt, und der Druck p_i, genügend großen Durchgangsquerschnitt vorausgesetzt, bei einem Ventil mit $\dfrac{h}{d_0} = 0,25$ auf einen Höchstbetrag von $p_i = \dfrac{60}{0,531} = 113$ at ansteigt, so erscheint zunächst die praktische Verwendbarkeit der obigen Gleichung mit den weiten Grenzen, innerhalb deren p_i schwankt, unvereinbar. Da es aber nicht auf den Zahlenwert von p_i selbst, sondern auf das Produkt $v_i \cdot p_i$ ankommt, so läßt sich der Wurzelwert mit hinreichender Annäherung trotz der großen Unterschiede zwischen dem Anfangs- und Endwert von p_i berechnen.

Aus der Beziehung

$$(24) \qquad p_i \cdot v_i = R \cdot T_i$$

folgt nämlich mit der zu dem Enddruck der Selbstzündung $p_e = 46$ at gehörenden Endtemperatur $T_e = 2500°$ (vgl. S. 10) und $n = 1,40$ für $p_i = 60$ at

$$(25) \qquad T_i = T_e \left(\frac{p_i}{p_e}\right)^{\frac{n-1}{n}} = 2500° \left(\frac{60}{46}\right)^{0,286} = 2700°$$

und ebenso für $p_i = 113$ at

$$(26) \qquad T_i = 2500° \left(\frac{113}{46}\right)^{0,286} = 3240°.$$

Demnach ist

für $p_i = 60$ at:

$$\sqrt{v_i \cdot p_i} = \sqrt{R \cdot T_i} = \sqrt{\frac{30 \cdot 2700}{10\,000}} = 2{,}85,$$

für $p_i = 113$ at:

$$\sqrt{v_i \cdot p_i} = \sqrt{\frac{30 \cdot 3240}{10\,000}} = 3{,}12.$$

Man erkennt, daß selbst für den extremen Fall, wo $\dfrac{h}{d_0}$ ein Maximum ist, der Wert von $\sqrt{v_i \cdot p_i}$ nur innerhalb so enger Grenzen sich bewegt, daß dadurch der aus obiger Formel berechnete Wert des erforderlichen Spaltquerschnittes durchaus innerhalb der für die Praxis erforderlichen Genauigkeitsgrenze bleibt. Dazu kommt, daß man, um sicher zu gehen, für $\sqrt{v_i \cdot p_i}$ den kleineren Wert in die Gleichung einsetzen kann.

Mit $\sqrt{v_i \cdot p_i} = 2{,}85$ ergibt sich:

$$(27) \qquad f_s = V_h \cdot n \cdot \frac{0{,}787}{2{,}85} = V_h \cdot n \cdot 0{,}275$$

und mit $\sqrt{v_i \cdot p_i} = 3{,}12$

$$(28) \qquad f_s = V_h \cdot n \cdot \frac{0{,}787}{3{,}12} = V_h \cdot n \cdot 0{,}252,$$

also ein um nur 8% kleinerer Wert als im ersten Falle.

Aus dem Aufbau der Gl. (18) und der Auswertung derselben nach Gl. (27) und (28) ist die bemerkenswerte Tatsache ersichtlich, daß die erforderliche Größe des Spaltquerschnittes in erster Linie dem Produkt aus Hubvolumen und Umdrehungszahl proportional ist, daß sie jedoch durch den im Zylinder entstehenden Höchstdruck nur in beschränktem Maße beeinflußt wird.

g) Rechnungsvorgang.

Die vorstehenden Untersuchungen, die abgeleiteten Formeln und entwickelten Kurven machen es nunmehr möglich, für ein gegebenes Hubvolumen V_h, eine gegebene Umdrehungszahl n und eine anzunehmende Einstellung des Ventils auf $\dfrac{P}{f_0}$ at die Abmessungen des erforderlichen Spaltquerschnittes und den entstehenden Höchstwert des Druckes p_i im Zylinder in einfachster Weise zu berechnen.

An Hand der Kurven in Fig. 10 ermittelt man für das gewählte $\dfrac{P}{f_0}$ unter Annahme eines bestimmten Verhältnisses $\dfrac{h}{d_0}$ den Wert von p_i und berechnet hieraus v_i. Diese Werte, in die Gl. (18) eingesetzt, liefern den Spaltquerschnitt im Mittel zu

$$(29) \qquad f_s = 0{,}26 \cdot V_h \cdot n \ \text{cm}^2 \,.$$

Mit Gl. (29) ist eine sehr einfache Beziehung aufgestellt für die Berechnung von Sicherheitsventilen von Dieselmotoren. Da die Formel nur für verlustfreie Strömungen gilt, so müßte noch eine Korrektur angebracht werden, welche die Kontraktions- und Widerstandsverluste berücksichtigt. Bezeichnet G_{sec} den oben berechneten theoretischen, d. h. kontraktions- und widerstandsfreien Wert des sekundlichen Ausflußgewichtes, so kann man für den wirklich auftretenden Wert G'_{sec} setzen

$$(30) \qquad G'_{sec} = \mu \cdot G_{sec} \, .$$

Hierin ist μ der sog. Ausflußkoeffizient, der die Kontraktion des Strahles und die Strömungswiderstände der Mündung berücksichtigt. Ausgedehnte Versuche zur Bestimmung der Kontraktions- und Widerstandsverluste sind von zahlreichen Forschern ausgeführt worden, z. B. für Luft von Zeuner, Weisbach und A. O. Müller. Diese Versuche haben übereinstimmend ergeben, daß bei gut abgerundetem Einlauf und relativ kurzen Mündungen die gegebenen Ausflußgewichte nur um wenige Prozent von den berechneten Werten abweichen. Die Versuche sind allerdings mit relativ geringen Drücken ausgeführt worden. Mit Rücksicht darauf, daß es sich bei den Koeffizienten μ um Werte handelt, die sehr nahe an 1 liegen, kann für die praktischen Berechnungen von Sicherheitsventilen nach obiger Gleichung $\mu = 1$ gesetzt werden, ohne daß hierdurch ein nennenswerter Fehler entsteht, zumal auch der Exponent n nicht absolut genau festliegt, wodurch jedoch das sekundliche Ausflußgewicht ebenfalls nur in verschwindend geringem Maße beeinflußt wird.

Es wird von Interesse sein, die Durchgangsquerschnitte von praktisch ausgeführten Ventilen mit den Werten zu vergleichen, die sich auf Grund der oben aufgestellten Formel ergeben, um beurteilen zu können, inwieweit die Sicherheitsventile bewährter Konstruktionen, die sich also unter Berücksichtigung der Raumverhältnisse in den Zylinderköpfen haben unterbringen lassen, den Forderungen bezüglich der Durchgangsquerschnitte entsprechen.

Da in der Literatur entsprechende Angaben über die Abmessungen von Sicherheitsventilen bei Dieselmotoren nicht zu finden sind, so habe ich im nachstehenden die entsprechenden Daten einer Reihe von mir in der Praxis gebauter Dieselmotoren benutzt und die Zahlenwerte in Tabelle I zusammengestellt. Ich bemerke hierzu, daß die Abmessungen dieser Sicherheitsventile nicht auf Grund der in dieser Abhandlung wiedergegebenen Formeln, welche erst im Winter 1917/18 entwickelt wurden, bestimmt worden sind, sondern ohne jede Berechnung, lediglich auf Grund praktischer Erfahrungen. In einzelnen Fällen sind die Durchgangsquerschnitte erst nach und nach allmählich auf die angegebenen Werte vergrößert worden, zumal man, ohne die theoretische Grundlage des Entspannungsvorganges bei derartigen Ventilen zu kennen, auf Grund von Messungen der beim Abblasen in den Zylindern auftretenden Drücke stets annahm, daß alle diese Ventile zu klein seien, da die im Zylinder entstehenden Drücke stets höher waren, als man nach der Einstellung erwartete, ein Umstand, der durch die entwickelte Theorie jetzt völlig geklärt ist.

Die in nachstehender Tabelle angegebenen Werte gehören sämtlich zu Sicherheitsventilen von hochtourigen Schiffs-Dieselmotoren; bei der Auswahl habe ich absichtlich Motoren mit voneinander sehr abweichenden Hubräumen gewählt.

Tabelle I.

Nr.	1 V_h l	2 n p. m.	8 d_0 cm	4 f_0 cm²	5 $\dfrac{P}{f_0}$ at	6 h cm	7 $\dfrac{h}{d_0}$	8 p_i at	9 f_s cm²	10 f_s' cm²	11 $\dfrac{f_s'}{f_s}$	12 k
1	4,62	550	0,8	0,50	70	0,20	0,25	132	0,66	0,50	0,76	0,197
2	8,48	500	0,8	0,50	70	0,20	0,25	132	1,10	0,50	0,46	0,118
3	18,2	450	1,5	1,76	60	0,35	0,234	87	2,13	1,65	0,78	0,202
4	33,5	450	2,0	3,14	60	0,50	0,25	113	3,90	3,14	0,81	0,209
5	117	380	3,2	8,04	60	0,80	0,25	113	11,50	8,04	0,70	0,181

In der Tabelle bezeichnet

V_h das Hubvolumen des Zylinders in l,

n die Umdrehungszahl p. m.,

d_0 den lichten Durchmesser des Ventils in cm,

f_0 den hierzu gehörigen Querschnitt in cm²,

$\dfrac{P}{f_0}$ die Einstellung des Ventils in at,

h den Ventilhub in cm,

$\dfrac{h}{d_0}$ das Verhältnis des Ventilhubes zum lichten Ventildurchmesser,

p_i den im Zylinder auftretenden Höchstdruck in at,

f_s den theoretisch erforderlichen Spaltquerschnitt in cm²,

f_s' den wirklich vorhandenen Spaltquerschnitt in cm²,

$\dfrac{f_s'}{f_s}$ das Verhältnis des vorhandenen Querschnittes zum theoretisch erforderlichen Querschnitt,

k die Konstante in der oben abgeleiteten Formel für den Spaltquerschnitt, die sich theoretisch zu 0,26 ergab.

Man ersieht aus der Tabelle, daß mit Ausnahme des Sicherheitsventils lfd. Nr. 2 die praktisch ausgeführten und, worauf ich besonders hinweisen möchte, deshalb auch ausführbaren Werte des Spaltquerschnittes f_s mit dem berechneten Wert ziemlich gut übereinstimmen.

Inwieweit dies der Fall ist, erkennt man am besten aus der Spalte 11, in welcher das Verhältnis des ausgeführten Querschnittes zum theoretischen Wert desselben angegeben ist. In Spalte 12 sind die bei den einzelnen Sicherheitsventilen vorhandenen Konstanten k ausgerechnet, deren Werte zusammen mit den theoretisch ermittelten Werten als Anhalt bei der praktischen Berechnung von Sicherheitsventilen dienen können.

Der Verlauf der Kurven in Fig. 10 gibt nun noch einen wertvollen Aufschluß über das bei der Konstruktion der Sicherheitsventile zu wählende Verhältnis von Hub zu Bohrung. Während nämlich bei einem $\frac{h}{d_0} = 0{,}25$ der im Zylinder entstehende Höchstdruck 189% des Druckes beträgt, auf den das Ventil eingestellt ist, sinkt der Höchstdruck schon bei einem $\frac{h}{d_0} = 0{,}20$ auf 123,5%. Hat man z. B. einen Spaltquerschnitt von 3,14 cm² auszuführen, und soll das Ventil auf 60 at eingestellt werden, so ergibt sich mit $d = 2{,}0$ cm und $h = 0{,}5$ cm, also $\frac{h}{d_0} = 0{,}25$, ein Höchstdruck von 113 at, dagegen mit $d = 2{,}30$ cm und $h = 0{,}435$ cm, entsprechend $\frac{h}{d_0} = 0{,}19$, ein Höchstdruck von nur noch 72 at. Hieraus folgt, daß die Ausführung von Sicherheitsventilen, bei denen der Hub ein Viertel des lichten Ventildurchmessers, d. h. der Spaltquerschnitt gleich dem Ventildurchgangsquerschnitt ist $\left(\frac{h}{d_0} = 0{,}25\right)$, unbedingt vermieden werden sollte, weil hierbei der im Zylinder entstehende Höchstdruck gänzlich unnötig gesteigert wird. Schon durch eine geringfügige Vergrößerung des Ventildurchmessers und entsprechende Verkleinerung des Ventilhubes läßt sich eine wesentliche Verringerung des Höchstdruckes im Zylinder erzielen. Da aber andererseits eine Herabsetzung des Verhältnisses $\frac{h}{d_0}$ unter den Wert 0,18 ÷ 0,20 einen nennenswerten Einfluß nicht mehr ausübt, so dürfte das Verhältnis $\frac{h}{d_0} = 0{,}20 \div 0{,}18$ das zweckmäßigste sein.

5. Die experimentelle Nachprüfung der Theorie.

Um die im vorstehenden aufgestellte Theorie der Berechnung von Sicherheitsventilen an Dieselmotoren und die als Grundlage der Theorie durchgeführte Berechnung des Druckverlaufes von Frühzündungen, hervorgerufen durch ein Hängenbleiben der Brennstoffnadel, experimentell nachzuprüfen, habe ich eine Reihe von Versuchen an einem Dieselmotor ausgeführt, die in nachstehendem beschrieben und deren

Ergebnisse rechnerisch mit den theoretischen Formeln verglichen werden sollen. Es handelt sich bei diesen Versuchen darum, Frühzündungen künstlich herbeizuführen und die hierbei im Zylinder bei angebauten Sicherheitsventilen auftretenden Höchstdrücke zu messen.

Da ich besonderen Wert darauf legte, die Versuche an einem in keiner Weise besonders hergerichteten Motor vorzunehmen, sondern die normalen Betriebsverhältnisse zugrunde zu legen, so mußte zunächst geprüft werden, ob und inwieweit die Arbeitszylinder und das Triebwerk den auftretenden hohen Drücken standhalten würden, ohne daß Beschädigungen der Maschine oder sogar eine Gefährdung von Personen befürchtet werden mußte. Die Nachrechnung der einzelnen in Frage kommenden Maschinenteile ergab, daß momentane Drücke bis zu 150 at ohne jede Gefahr aufgenommen werden konnten. Da außerdem, wie im nachstehenden näher erläutert, mit dem normalen Sicherheitsventil ein Höchstdruck von maximal ∞ 120 at im Arbeitszylinder zu erwarten war, so waren besondere Vorkehrungen am Motor nicht erforderlich, ein Umstand, der sich auch ohne weiteres aus den Gesichtspunkten ergab, daß ein Hängenbleiben der Brennstoffnadel auch im normalen Betrieb immer vorkommen kann, und daß das Sicherheitsventil so bemessen war, daß die hierbei auftretenden Drücke im Arbeitszylinder eine Gefährdung des Motors nicht zur Folge haben durften.

a) Der Versuchsmotor.

Als Versuchsmotor wurde ein schnellaufender Schiffs-Dieselmotor verwendet, der bei 450 U. p. m. eine effektive Leistung von 500 PS entwickelte. Das Hubvolumen eines jeden der 6 Arbeitszylinder beträgt 33,5 l. Die Konstruktion des Sicherheitsventils, welches stehend im Zylinderdeckel angeordnet ist, ist aus Fig. 11 ersichtlich. Das Ventil hat einen lichten Durchmesser $d_0 = 20$ mm und einen durch Anschlag begrenzten Hub $h = 5$ mm. Die Federbelastung war auf 60 at eingestellt, bezogen auf den zu $d_0 = 2{,}0$ cm gehörigen Querschnitt $f_0 = 3{,}14$ cm², entsprechend einer Federkraft $P = 188{,}4$ kg bei geschlossenem Ventil.

Die Messung der im Zylinder auftretenden Drücke erfolgte durch einen Spezialindikator der Firma H. Maihak A.-G. in Hamburg, bei welchem die Schreibzeugmassen besonders leicht ausgeführt waren.

Die Federhaube des Brennstoffventils war so eingerichtet, daß durch einfaches Zurückschrauben derselben eine allmähliche Entspannung der Belastungsfeder und hierdurch schließlich ein Hängenbleiben der Brennstoffnadel und somit ein Auftreten von Frühzündungen herbeigeführt werden konnte.

b) Nachrechnung des Sicherheitsventils.

Zunächst sei an Hand der vorliegenden Abmessungen des Arbeitszylinders und des Sicherheitsventils der Durchgangsquerschnitt und der zu erwartende Höchstdruck im Zylinder auf Grund der theoretischen Formeln nachgerechnet.

Da der Hub des Ventils $h = 5$ mm und die lichte Bohrung $d_0 = 20$ mm beträgt, so ist der Quotient aus Spaltquerschnitt und Einlaufquerschnitt $\dfrac{f_s}{f_0} = 1$, und das Verhältnis von Hub zu Bohrung $\dfrac{h}{d_0} = 0{,}25$. Mit diesem Wert bestimmt sich aus Fig. 10 bei einer Ventilbelastung $\dfrac{P}{f_0} = 60$ at der im Zylinder entstehende Höchstdruck p_i zu 113 at, falls das Ventil so dimensioniert ist, daß der Kegel seinen vollen Hub während des Entspannungsvorganges zurücklegen muß, und daß hierbei der Spaltquerschnitt gleich ist dem theoretisch · erforderlichen Querschnitt. Der Spaltquerschnitt f_s müßte nach Gl. (18) S. 23 sein:

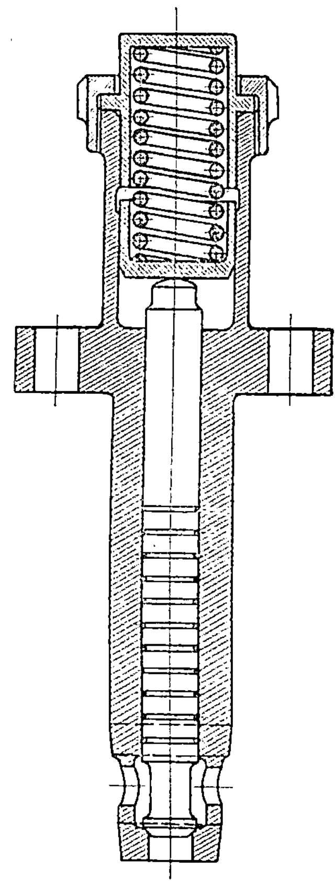

Fig. 11.

$$(1) \qquad f_s = 0{,}787 \, \frac{V_h \cdot n}{\sqrt{v_i \cdot p_i}} \ \text{cm}^2.$$

Aus

$$(2) \qquad T_i = T_e \left(\frac{p_i}{p_e}\right)^{\frac{n-1}{n}}$$

folgt mit

$$p_e = 46 \ \text{at}, \quad n = 1{,}40 \quad \text{und} \quad T_e = 2500°$$

$$(3) \qquad T_i = 2500° \left(\frac{113}{46}\right)^{0{,}286} = 3240°$$

und hiermit

$$(4) \qquad v_i = \frac{R \cdot T_i}{p_i} = \frac{30 \cdot 3240}{1\,130\,000} = 0{,}086 \ \text{m}^3/\text{kg}.$$

Hieraus findet sich

$$\sqrt{v_i \cdot p_i} = \sqrt{0{,}086 \cdot 113} = 3{,}12.$$

Dieser Wert, in Gl. (1) eingesetzt, gibt

$$f_s = V_h \cdot n \, \frac{0{,}787}{3{,}12} = V_h \cdot n \cdot 0{,}25 \ \text{cm}^2.$$

Mit

$$V_h = 33{,}50\ 1 = 0{,}0335\ \text{m}^3 \quad \text{und} \quad n = 450\ \text{U. p. m.}$$

wird dann der Spaltquerschnitt

$$f_s = 0{,}0335 \cdot 450 \cdot 0{,}25 = 3{,}75\ \text{cm}^2.$$

Ausgeführt ist jedoch nur ein Spaltquerschnitt von $f = 3{,}14\ \text{cm}^2$, so daß ein geringer Rückstau der Gase im Zylinder zu erwarten ist. Um aber die Versuche mit dem theoretisch richtigen Spaltquerschnitt durchzuführen, wurde die Umdrehungszahl auf $n = 400$ p. m. eingestellt, wobei der ausgeführte Wert des Spaltquerschnittes mit $f_s = 3{,}14\ \text{cm}^2$ dem theoretisch erforderlichen Querschnitt entspricht.

Der Zweck der Versuche war demnach, da das Sicherheitsventil den theoretisch zu stellenden Anforderungen entsprach, festzustellen,

1. welcher Höchstdruck im Arbeitszylinder bei Frühzündungen auftritt und wie weit dieser Druck mit dem theoretisch ermittelten Wert von 113 at übereinstimmt,

2. an welchem Punkt der Kompressionslinie die Selbstzündung einsetzt und wie weit dieser Punkt mit der Annahme übereinstimmt, daß derselbe (bei einer Selbstzündungstemperatur von 450°) bei $12 \div 13$ at auf der Kompressionslinie liegt.

Die Versuche wurden in folgender Weise vorgenommen.

Der Motor wurde mit der dem Durchgangsquerschnitt $f_s = 3{,}14\ \text{cm}^2$ entsprechenden Umdrehungszahl in Betrieb genommen und ungefähr voll belastet, um die Brennstoffpumpe auf volle Fördermenge zu bringen. Die Versuche wurden mit vollkommen durchwärmter Maschine ausgeführt; zu diesem Zweck wurde der Motor ca. 1 Stunde vor Beginn der Versuche in Betrieb genommen.

Nachdem der Indikatorhahn geöffnet, das Schreibzeug also in Tätigkeit getreten war, wurde die Federhaube des Brennstoffventils langsam so weit zurückgeschraubt, bis die Federbelastung der Brennstoffnadel um soviel vermindert war, daß das Hängenbleiben der Nadel eintrat. Durch die hierbei im Zylinder auftretenden Drucksteigerungen wurde das Sicherheitsventil bei jeder Zündung unter lautem Knall geöffnet. Die austretenden Gase entwichen unmittelbar ins Freie. Der Einblasedruck wurde auf 75 at einreguliert. In die Einblaseleitung, unmittelbar vor dem Brennstoffventil, waren ein Rückschlagventil und ein Sicherheitsventil eingebaut; das letztere war auf 90 at eingestellt. Außerdem war dafür gesorgt, daß während der Versuche möglichst ölfreie Einblaseluft zur Verfügung stand, um Zündungen im Brennstoffventil und in der Einblaseleitung durch das nicht zu vermeidende Zurückschlagen der Gase aus dem Arbeitszylinder ins Brennstoffventil möglichst zu verhüten. Aus dem gleichen Grunde wurden auch die Versuche so eingerichtet, daß der Druckverlauf schon der ersten Selbstzündung vom Indikator aufgezeichnet wurde, um unnötige und gefährlich werdende Beanspruchungen des Zylinders und insbesondere des Gehäuses des Brennstoffventils und der Einblaseleitung zu vermeiden. Durch schnelles Zurückschrauben der Federhaube des Brennstoffventils und das hierdurch bewirkte Wiederanspannen der Belastungsfeder konnte das Auftreten der Frühzündungen sofort wieder verhindert werden. Unter peinlicher Beobachtung aller Vorsichtsmaßregeln gelang es, die für diese Maschine und die dabei mitwirkenden Personen immerhin nicht ungefährlichen Versuche ohne jede Störung durchzuführen. Ich möchte noch darauf hinweisen, daß nach dem Auftreten der Frühzündungen eine leichte Erwärmung der Einblaseleitung durch Anfühlen mit der Hand deutlich festgestellt werden konnte, eine Beobachtung, welche für die Ausführungen im Abschnitt III dieser Abhandlung von besonderem Interesse ist.

c) Die Ergebnisse der Versuche.

Die bei diesen Versuchen genommenen Indikatordiagramme sind in den Fig. 12 ÷ 15 und 16 ÷ 17 wiedergegeben.

Die erste Diagrammreihe Fig. 12 ÷ 15 ist mit einem Sicherheitsventil nach Fig. 8 genommen worden; bei diesem Ventil war die Einlauföffnung im Ventileinsatz gut abgerundet. Der Abrundungsradius war mit $r = 8$ mm ausgeführt, also $\dfrac{r}{d_0} = 1 : 2{,}5$. Die zweite Diagrammreihe, Fig. 16 ÷ 17, wurde mit einem anderen Ventileinsatz genommen, bei welchem keine Abrundung am Anfang der Einlauföffnung vorgesehen war. Die Versuche wurden mit und ohne Abrundung der Einlauföffnung vorgenommen, um den Einfluß dieser Abrundung festzustellen. Ein Unterschied in der Wirkung der Abrundung auf den Druckverlauf im Zylinder konnte jedoch nicht festgestellt werden; vor allen Dingen ist auch der Höchstdruck im Zylinder in beiden Fällen gleich groß. In Fig. 18 und 19 sind zwei der normalen Diagramme des Versuchszylinders wiedergegeben, die jedesmal vor und nach den Versuchen zur Kontrolle genommen wurden.

Der Höchstdruck im Zylinder, der für dieses Ventil auf S. 35 zu $p_i = 113$ at berechnet war, ergibt sich aus den Diagrammen im Mittel zu 110 at. Ein Vergleich der Diagramme untereinander zeigt ferner, daß der Höchstdruck in allen Fällen fast genau denselben Wert hat; er schwankt zwischen 100 und 110 at. Die Übereinstimmung der Messung mit der Berechnung ist also eine sehr gute.

Die Lage des Punktes der Kompressionslinie, an welchem die Frühzündung einsetzt, ist aus einigen Diagrammen (Fig. 12, 14, 15, 16 und 17) deutlich zu entnehmen.

Im Abschnitt II 3 auf S. 13 war auf Grund der Entzündungstemperatur des Treiböles ermittelt worden, daß die Frühzündung bei 12,2 at beginnen muß, falls die Entzündungstemperatur des Gemisches

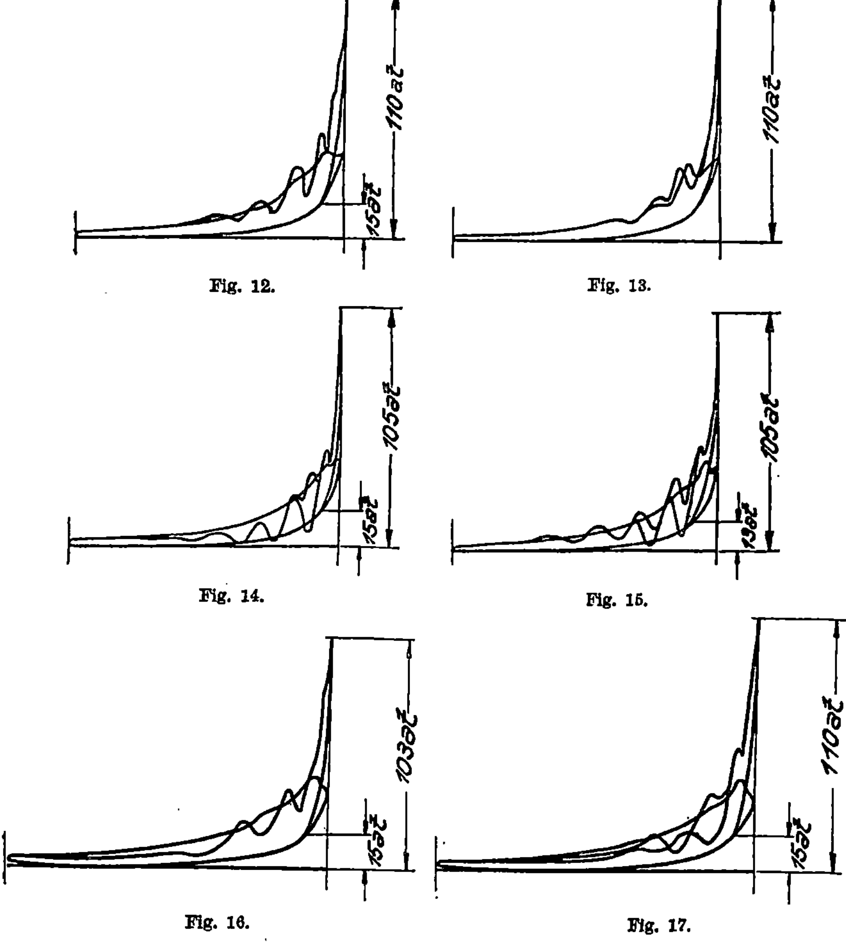

Fig. 12.   Fig. 13.

Fig. 14.   Fig. 15.

Fig. 16.   Fig. 17.

bei 450° liegt. Aus den Versuchen ergibt sich das Einsetzen der Frühzündungen nach

Diagramm Fig. 12 bei 15 at
       „   „ 14 „ 15 „
       „   „ 15 „ 13 „
       „   „ 16 „ 15 „
       „   „ 17 „ 15 „

Es ergibt sich also eine hinreichend gute Übereinstimmung mit den eingangs gemachten Annahmen über diese Frage.

Es ist nun noch erforderlich, den Vorgang der Einführung des Treiböles in den Arbeitszylinder bei offenstehender Brennstoffnadel, wie er sich bei diesen Versuchen abgespielt hat, kurz zu erörtern.

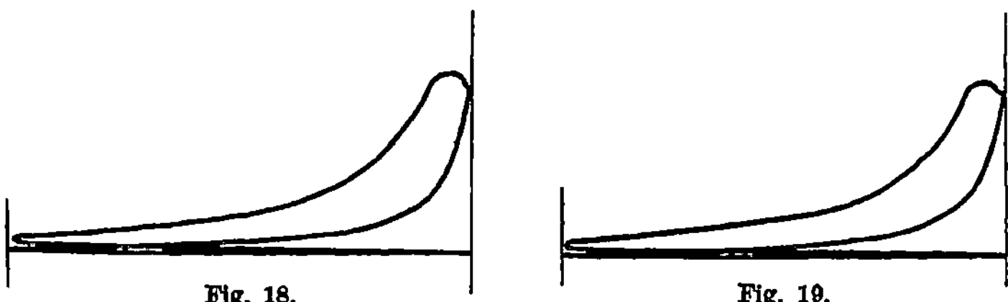

Fig. 18.   Fig. 19.

Der Motor war mit sechs einzelnen Brennstoffpumpen ausgerüstet, von denen jede durch ein besonderes Exzenter angetrieben wurde. Der Förderhub einer Brennstoffpumpe wird gewöhnlich zeitlich so gelegt, daß die Förderung nur bei geschlossener Brennstoffnadel erfolgt. Werden die Brennstoffpumpen, wie bei dem Versuchsmotor, von einer Welle angetrieben, deren Umdrehungszahl halb so groß ist wie die der Kurbelwelle, so entspricht der Förderhub der Brennstoffpumpe einer vollen Umdrehung der Kurbelwelle. In Fig. 20 sind die vier Hübe des Motors mit dem Druckverlauf im Zylinder schematisch

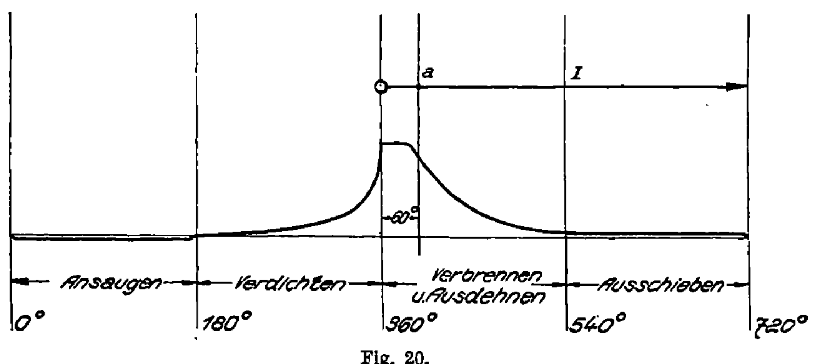

Fig. 20.

dargestellt. Der stark ausgezogene Pfeil I bezeichnet den Förderhub der Brennstoffpumpe; der mit einem kleinen Kreis gekennzeichnete Anfang des Pfeiles bezeichnet den Beginn, die Pfeilspitze das Ende des Förderhubes. Die Länge des Pfeiles ist gleich der Zeitdauer des Förderhubes, und zwar 360° bezogen auf die Kurbelwelle. Es ist nun zunächst möglich, die Lage dieses den Förderhub der Brennstoffpumpe bezeichnenden Pfeiles auf der Strecke von $0 \div 720°$ beliebig einzuordnen.

Legt man den Förderhub, wie Pfeil I angibt, wobei man das Hubvolumen der Brennstoffpumpe so bemessen muß, daß bei Vollast das Saugventil erst etwa bei 60° Kurbelwinkel nach Zündtotpunkt schließt und somit die Förderung erst bei a beginnt, so liegt die gesamte Förderzeit der Brennstoffpumpe vor und im Auspuffhub. Bei dieser zeitlichen Lage des Förderhubes müßte man annehmen, daß bei einem Hängenbleiben der Brennstoffnadel der gesamte in den Zylinder eingeblasene Brennstoff während des Auspuffhubes wieder aus dem Zylinder entfernt wird, so daß eine Kompression von zündfähigem Gemisch und damit das Auftreten von Frühzündungen unmöglich gemacht wird. Unter diesem Gesichtspunkt wird auch vielfach der Förderhub der Brennstoffpumpe in bezug auf den Expansions- und Auspuffhub des betreffenden Zylinders angeordnet.

Um die Wirkung dieser Maßregel zu untersuchen, wurde bei dem Versuchsmotor die Förderzeit der Brennstoffpumpe so gelegt wie es das Diagramm in Fig. 20 angibt. Das Ergebnis war insofern überraschend, als ein Ausbleiben der Frühzündung, oder auch nur eine Verminderung im Grad ihrer Heftigkeit, nicht festgestellt werden konnte, so daß auch die eigentlichen Versuchsdiagramme mit dieser Einstellung der Brennstoffpumpe genommen werden konnten.

Eine Aufklärung dieser eigenartigen Erscheinung kann jedenfalls nur eine eingehende experimentelle Untersuchung des Einblasevorganges ergeben. Eine Erklärung scheint durch den Umstand gegeben zu sein, daß das Treiböl durch die sehr starke Expansion der Einblaseluft und den hierdurch hervorgerufenen Temperatursturz stark abgekühlt wird. Durch diese Abkühlung der einzelnen kleinen und im Strahl der Einblaseluft überaus feinverteilten Treibölteilchen scheint sich der Einblasevorgang während des Auspuffhubes derart abzuspielen, daß das stark unterkühlte und feinverteilte Treiböl sich als feiner Film auf den Innenwandungen des Verbrennungsraumes niederschlägt und auf diese Weise von den durch das Auspuffventil austretenden Gasen nicht mitgenommen werden kann. Erst während des nachfolgenden Saug- und Kompressionshubes verdampft der Ölfilm wieder und gelangt im gegebenen Augenblick zur Entzündung. Diese Hypothese gewinnt noch dadurch an Wahrscheinlichkeit, wenn man bedenkt, in welch außerordentlich kurzer Zeit, bei einer Umdrehungszahl von $n = 400 \div 450$, die einzelnen Hübe aufeinanderfolgen. Immerhin unterliegt es keinem Zweifel, daß auch diese Erscheinung noch eingehender Klärung durch entsprechende experimentelle Untersuchungen bedarf.

6. Zusammenfassung und Gesichtspunkte für die Konstruktion.

Faßt man die Ausführungen der vorstehenden Abschnitte zusammen, so ergeben sich folgende Gesichtspunkte für die Konstruktion:

a) Sicherheitsventil.

Die Arbeitszylinder von Dieselmotoren sind stets mit Sicherheitsventilen sachgemäßer Konstruktion und unter Zugrundelegung einer genauen Berechnung der hierfür erforderlichen Durchgangsquerschnitte auszurüsten. Bei der Wahl der Federspannung ist zu berücksichtigen, daß der im Zylinder beim Entspannungsvorgang entstehende Gasdruck stets ein Vielfaches des Quotienten aus Federkraft und freiem Ventilquerschnitt ist, und daß dieser Überdruck zudem abhängig ist von dem Verhältnis des Ventilhubes zum freien Ventilquerschnitt. Der Überdruck im Zylinder wird sich um so niedriger einstellen, je kleiner beim Entwurf der Ventilhub im Verhältnis zum Ventildurchmesser gewählt wird. Bei Ventilen, bei denen der Hub gleich einem Viertel des Ventildurchmessers ist, ergibt sich bei einer Federbelastung von 60 at für den Überdruck im Zylinder ein Höchstwert von rund 110 at, wenn der Durchgangsquerschnitt dem theoretisch erforderlichen gerade entspricht. Einen größeren Querschnitt als den theoretisch erforderlichen unterzubringen, wird in den meisten Fällen wegen Platzmangels nicht möglich sein. Die Erfahrung hat gezeigt, daß eine Einstellung des Ventils auf 60 at am zweckmäßigsten ist. Das Ventil auf einen höheren Druck als 60 at einzustellen, ist insofern nicht ratsam, als die beim Entspannungsvorgang im Zylinder entstehenden Drücke unnötig hoch werden und infolgedessen zu einer unverhältnismäßig kräftigen Bauart der Zylinder und Triebwerksteile zwingen. Die Erfahrungen mit derartigen Ventilen haben gelehrt, daß die Differenz von 20 at zwischen der Einstellung des Ventils und dem maximalen normalen Zünddruck im Zylinder vollauf genügt, um ein vollkommen dichtes Ventil zu gewährleisten. Stellt man dagegen das Ventil auf einen niedrigeren Druck als 60 at ein, so wird beim Anfahren, und bei Schiffsmaschinen beim Umsteuern, ein häufiges Abblasen auftreten, und zwar durch Drucksteigerungen, welche beim ersten Einblasevorgang normalerweise leicht auftreten, welche aber selten höher sind als 50—60 at. Aus diesem Grunde hat sich, wie schon oben erwähnt, die Einstellung der Sicherheitsventile auf 60 at am besten bewährt.

b) Die Probedrücke.

Bei der Berechnung der Sicherheitsventile habe ich gezeigt, daß bei einer Einstellung auf 60 at der Innendruck im Zylinder bei voller Entwicklung einer Frühzündung bis auf 113 at ansteigen muß, vorausgesetzt, daß der Durchgangsquerschnitt des Ventils nicht größer gewählt ist als der theoretisch erforderliche Querschnitt. Dieser Druck von 113 at ist auch durch die Versuche bestätigt worden. Bei der Beantwortung der Frage, welchem Probedruck die Zylinder bei der Herstellung zu unterwerfen sind, muß deshalb diese Zahl zugrunde gelegt werden, besonders dann, wenn die Sicherheitsventile nur mit dem theoretisch erforderlichen Querschnitt ausgeführt werden können. Wenn also z. B. das Bureau Veritas für Schiffsdieselmotoren vorschreibt, daß die Zylinder mit dem 1,75 fachen Kompressionsdruck, also ca. 58 at, abzudrücken sind, so ist dieser Probedruck ohne Frage als durchaus ungenügend zu bezeichnen, zumal dieselbe Behörde eine Einstellung der Zylinder-Sicherheitsventile für denselben Druck, d. h. 58 at, zuläßt, andererseits aber über den Durchgangsquerschnitt bzw. die Größe der Sicherheitsventile keinerlei Vorschrift macht. In dieser Bestimmung tritt die stets bisher vertretene falsche Ansicht klar in die Erscheinung, daß der Druck im Zylinder höchstens auf den Druck steigen kann, auf den das Sicherheitsventil eingestellt ist.

Mit Rücksicht darauf, daß außer dem Kompressionsraum noch ein Teil des Hubraumes des Zylinders unter der Einwirkung des Höchstdruckes von 110—120 at steht (bei einer Einstellung der Sicherheitsventile auf 60 at), sollte man stets vorschreiben, daß der diesem Volumen entsprechende Teil der Zylinderlaufbüchse, ferner der Zylinderdeckel mit eingebauten Ventilen und der Kolbenboden einer Wasserdruckprobe von 125 at unterworfen werden. Hierbei ist selbstverständlich vorauszusetzen, daß das Sicherheitsventil einen hinreichend großen Durchgangsquerschnitt aufweist. Da die Höhe des Kompressionsraumes mindestens bis zum ersten Kolbenring zu messen ist, so wäre eine Länge der Zylinderlaufbüchse von insgesamt rund 20% des Hubes diesem Probedruck zu unterwerfen; der übrige Teil der Laufbüchse sollte unter Berücksichtigung des normalen Druckverlaufs während der Expansion mit 70 at geprüft werden. Ich möchte noch darauf hinweisen, daß die Verwendung der von mir vorgeschlagenen Probedruckziffern durchaus nicht eine besonders verstärkte Ausführung der Laufbüchse bedingt; bei normalen Ausführungen ergeben sich z. B. beim Abdrücken der Zylinderlaufbüchse mit den genannten Zahlen Beanspruchungen von maximal 850—900 kg/cm², eine Beanspruchung, der die Laufbüchsen bei Verwendung von bestem Spezialgußeisen, welches ohnedies hierfür verwendet werden muß, ohne Bedenken unterworfen werden können. Man wird allerdings hierbei die Erfahrung machen, daß beim Abdrücken eine größere Anzahl Gußstücke verworfen werden muß als bei der Anwendung von niedrigeren Drücken, weil nur gänzlich fehlerfreie Gußstücke diesen Anforderungen genügen werden.

Das bezüglich der Beanspruchung während des Abdrückens der Zylinderlaufbüchse Gesagte gilt in gleichem Sinne vom Zylinderdeckel und Kolbenboden; auch bei diesen Teilen wird wegen des Probedruckes von 125 at eine besonders verstärkte Bauart keineswegs bedingt, da auch hier die Beanspruchungen, welche dem normalen Zünddruck von 40 at entsprechen, stets so gewählt sind bzw. gewählt sein müssen, daß die Verwendung eines Probedruckes von 125 at ohne weiteres zulässig sein muß, zumal dieser Probedruck nur relativ langsam auf seine volle Höhe gebracht wird, im Gegensatz zu den Gasdrücken im späteren Betrieb der Maschine, die sich stets plötzlich bis zur vollen Höhe entwickeln.

III. Die Zündungen im Brennstoffventil.

1. Die Störungserscheinungen und ihre Ursachen.

Es ist eine bei Dieselmotoren immerhin nicht selten auftretende Erscheinung, daß beim Anfahren oder während des Betriebes die Einblaserohrleitung in mehr oder weniger großer Länge mit heftigem Knall aufreißt, ohne daß die eigentliche Ursache dieses Vorganges in jedem Fall festgestellt werden kann. Eine Aufklärung der hierbei sich abspielenden Vorgänge und der Ursache derselben stößt deshalb jedesmal auf Schwierigkeiten, weil in den meisten Fällen eine Beobachtung unmöglich ist und weil der Vorgang selbst sich naturgemäß ganz unvermittelt abspielt und Anzeichen für das Eintreten der Erscheinungen vorher nicht vorhanden sind. Mit dem Aufreißen der Einblaseleitung erfolgt fast stets auch ein Sprengen des Einsatzes des Brennstoffventils, wenn derselbe wie gewöhnlich aus Gußeisen hergestellt ist, zumal diese Einsätze durch die Bohrung für die Brennstoffzuführung meist sehr geschwächt sind.

Es bedarf keines Beweises, daß es sich bei diesem Aufreißen der Brennstoffventileinsätze und Einblaseleitungen um außerordentlich hohe Beanspruchungen der Rohrwände handelt, die nur durch spontane Verbrennungsvorgänge in diesen Organen in Verbindung mit gewaltigen Drucksteigerungen zu erklären sind.

a) Der Einfluß der Frühzündung.

Verbrennungen mit explosionsartiger Drucksteigerung im Brennstoffventil oder in der Einblaseleitung sind aber nur möglich, wenn an Stelle des normalen Inhaltes, der aus Einblaseluft besteht, ein zündfähiges Gemisch vorhanden ist; andererseits gibt es keine andere Möglichkeit, daß sich dieses Gemisch, wenn es vorhanden ist, entzündet, als die, daß entsprechend heiße oder sogar brennende Gase aus dem Arbeitszylinder durch den Sitz der Brennstoffnadel in das Gehäuse eindringen. Ein solches Zurückschlagen von Gasen aus dem Arbeitszylinder in das Brennstoffventil ist ohne weiteres jedesmal dann möglich, wenn während der Zündungen der Druck im Zylinder höher wird als im Brennstoffventilgehäuse. Dies ist z. B. der Fall, wenn durch ein Hängenbleiben der Nadel Frühzündungen im Zylinder entstehen, da, wie ich im II. Abschnitt gezeigt habe, hierbei auch beim Vorhandensein von Sicherheitsventilen Drücke im Zylinder entstehen, welche beträchtlich höher sind als der Druck der Einblaseluft, der maximal 75—80 at beträgt. Da in diesem Fall durch die Strömungsenergie der in das Brennstoffventil eintretenden Gase etwa noch im Zerstäuberraum vorhandenes Treiböl rückwärts in die Einblaseleitung geblasen wird, so ist die Möglichkeit, daß sich dort ein zündfähiges Gemisch bildet und durch die hohe Temperatur der zurücktretenden Gase entzündet wird, ·ohne weiteres gegeben.

Eine zweite Möglichkeit, daß durch die aus dem Arbeitszylinder in das Brennstoffventil zurücktretenden Gase eine Zündung im Brennstoffventil oder in der Einblaseleitung hervorgerufen wird, ist dann gegeben, wenn die Einblaseluft stark ölhaltig ist. Ölhaltige Einblaseluft entsteht stets dann, wenn der Kompressor entweder zu reichlich geschmiert wird oder wenn er aus dem Kurbelgehäuse Öl zwischen Kolben und Zylinderwand hindurch ansaugt und wenn wirksame Ölabscheider nicht vorhanden sind.

b) Der Einfluß des Einblasedruckes.

Wenn also beim Auftreten von Frühzündungen im Arbeitszylinder stets die Gefahr besteht, daß Zündungen im Brennstoffventil und in der Einblaseleitung hierdurch entstehen, so ist fernerhin auch noch die Frage zu untersuchen, ob während des normalen Betriebes, also ohne außergewöhnliche Drucksteigerungen im Arbeitszylinder, ein Zurücktreten der Zündungen durch die Düsenplatte möglich ist.

Beim normalen Betrieb mit voller Belastung des Motors beträgt der Druck im Zylinder während der Einblaseperiode ca. 36—40 at, im Gehäuse des Brennstoffventils dagegen je nach der Zerstäuberbauart und den Betriebsverhältnissen 60—80 at. Das Druckgefälle beträgt also rund 25—40 at. Man könnte nun hieraus die Geschwindigkeit des aus der Düse austretenden Treiböl-Luftstrahles berechnen und mit der Zündgeschwindigkeit des in Frage stehenden Öl-Luftgemisches vergleichen. Daß aber eine derartige Berechnung nicht zum Ziel führt, lehrt schon die Überlegung, daß z. B. bei Schiffsdieselmotoren bei langsamer Fahrt mit stark vermindertem Druck der Einblaseluft gearbeitet wird, daß also das Druckgefälle wesentlich kleiner als der obengenannte Wert werden und bis auf wenige Atmosphären sinken kann; es kann sogar durch Unachtsamkeit des Bedienungspersonals vorkommen, daß der Einblasedruck bis auf die Höhe des Druckes im Zylinder fällt. In diesem Falle wird auch bei schleichender Verbrennung, also bei nur geringer Zündgeschwindigkeit, ein Zurückschlagen der Zündflamme möglich sein. Es ist andererseits möglich, daß durch

Unvorsichtigkeit beim Überschleusen der Luft aus der Einblaseflasche in die Anlaßflasche der Druck in der ersteren unter den normalen Druck im Zylinder sinkt; in diesem Falle liegt dieselbe Sachlage vor wie bei Frühzündungen, d. h. die Verbrennungsgase werden durch die Düsenplatte in das Brennstoffventil zurücktreten.

Man erkennt aus dem Vorstehenden, daß zahlreiche Möglichkeiten für ein Zurückschlagen der Zündung in das Brennstoffventil vorhanden sind, und zwar stets dann, wenn der Druck im Zylinder den Druck im Brennstoffventil übersteigt oder nur um wenige Atmosphären geringer ist. Es bleibt nun noch die Frage zu prüfen, ob die Zündgeschwindigkeiten für das aus der Bohrung der Düsenplatte austretende Öl-Luftgemisch und für die im Brennstoffventil und in der Einblaseflasche möglichen Zusammensetzungen von zündfähigen Gemischen solche Werte annehmen können, daß auch bei den im normalen Betriebe herrschenden Druckgefällen und Ausströmgeschwindigkeiten eine derartige Fortpflanzung der Zündungen aus dem Zylinder in das Brennstoffventil hinein möglich ist.

Ich wende mich zunächst zur Untersuchung der Zündgeschwindigkeit und muß mich damit mit einem Gebiet befassen, auf welchem erst in der allerneuesten Zeit einige Klarheit durch theoretische und experimentelle Untersuchungen geschaffen worden ist. Wenn auch schon Bunsen und nach ihm eine Reihe von anderen Forschern versucht haben, die Frage der Zündgeschwindigkeit bei brennbaren Gasgemischen aufzuklären, so waren die auf diesem Gebiet unternommenen Versuche für den Ingenieur doch nur von geringer Bedeutung, weil es an einer eigentlichen Theorie fehlte, welche die maßgebenden Faktoren gesetzmäßig miteinander in Verbindung bringt. Erst die bahnbrechenden Arbeiten von Professor Dr. W. Nusselt haben die rechnerische Verfolgung des Verlaufes der Verbrennung von Gasgemischen möglich gemacht. Vor allem ist es seine Abhandlung „Die Zündgeschwindigkeit brennbarer Gasgemische[1]"), welche für die hier vorliegende Frage von grundlegender Bedeutung ist, da Nusselt in dieser Arbeit, ausgehend von den Gesetzen der Wärmeleitung und der chemischen Dynamik, die die Zündgeschwindigkeit beeinflussenden Faktoren in einer Formel zusammengefaßt hat. In dieser Formel wird die Größe der Zündgeschwindigkeit auf die physikalischen und chemischen Eigenschaften des brennbaren Gemisches zurückgeführt. Die Zündgeschwindigkeit eines Brenngases in m/sec. ist nach Nusselt:

$$(1) \qquad w = \sqrt{\frac{C_1\,\lambda\,p_0\,T_0^2\,(T_v - T_e)\,H_2^0\,O_2^0}{103{,}7\,R^2\,C_p\,(T_e - T_0)}}\ .$$

---

[1]) W. Nusselt, Die Zündgeschwindigkeit brennbarer Gasgemische. Zeitschr. d. Ver. dtsch. Ing. 1915, Nr. 43, S. 872f.

Hierin bezeichnet

λ die mittlere Wärmeleitzahl des Gasgemisches,

p_0 den Druck,

T_0 die Anfangstemperatur,

T_e die Entzündungstemperatur,

T_v die Verbrennungstemperatur,

H_2^0 die Raumteile Wasserstoff vor der Verbrennung,

O_2^0 die Raumteile Sauerstoff vor der Verbrennung,

C_p die mittlere spezifische Wärme der Raumeinheit des Gasgemisches zwischen T_e und T_v bei 15 und 1 at,

R die Gaskonstante,

C_1 eine unbekannte Konstante, die aus einem Versuch zu ermitteln ist.

Werden in diese Gleichungen die Zahlenwerte für ein Gemisch aus Wasserstoff, Sauerstoff und inerten Gasen eingesetzt, so ergibt sich

$$(2) \qquad w = \frac{3{,}62}{10^4} \sqrt{\frac{\lambda (T_v - T_e)\, H_2^0\, O_2^0\, p_0\, T_0^2}{C_p (T_e - T_0)}} \,.$$

Das für die hier vorliegende Frage Interessante an diesem Formelbild ist die Abhängigkeit zwischen w und p_0 einerseits und T_0 andererseits; p_0 kann man zunächst außer acht lassen, denn da es sich hier um die Bestimmung von w auf dem Wege vom Arbeitszylinder zum Brennstoffventil, also auf dem Wege durch die Düsenplatte, handelt, so hat man für p_0 zu setzen $35 \div 40$ at, also einen konstanten Wert. Von ausschlaggebender Bedeutung jedoch ist die Beziehung

$$(3) \qquad w = f(T_0) \,.$$

Hierin erkennt man den ganz überwiegenden Einfluß der Temperatur vor der Düse. Wird die Anfangstemperatur gleich der Entzündungstemperatur, so wird w unendlich groß; ein Ansteigen von T_0 auf T_e ist jedoch im vorliegenden Fall nie möglich, weil T_0 auch bei niedrigstem Einblasedruck höchstens gleich der Temperatur der Luft in der Einblaseflasche werden kann und bei höherem Einblasedruck wegen der Expansionskälte wesentlich niedriger ist. Eine zahlenmäßige Bestimmung von w nach obiger Gleichung für den Fall, daß die Ausströmgeschwindigkeit Null und T_0 ein Maximum wird, was ja gleichzeitig eintritt, ist jedoch wegen der verwickelten chemischen Zusammensetzung des Treiböl-Luftgemisches nach dem Austritt aus der Düse nicht möglich.

Da außerdem eine auch nur einigermaßen genaue experimentelle Untersuchung des Einblasevorganges bis heute leider noch nicht vorliegt, so erkennt man, daß eine befriedigende Lösung der hier vorliegenden Probleme noch nicht möglich ist.

Beim normalen Betriebe, wo also stets zwischen Brennstoffventil und Kompressionsraum ein relativ großes Druckgefälle vorhanden ist, tritt besonders ein Umstand in die Erscheinung, welcher, ganz abgesehen von der hohen Austrittsgeschwindigkeit der Luft aus der Düsenplatte, ein Eindringen der Zündflamme in den Zerstäuberraum sehr erschwert, bzw. ganz unmöglich macht; es ist dies die große Temperaturerniedrigung, welche die Luft bei der starken Expansion in der Düsenplatte erfährt. Bei einem Einblasedruck von 70 at und einem während des Einblasevorganges im Zylinder herrschenden Druck von 40 at, also bei einem Druckgefälle von rund 30 at, kühlt sich die Einblaseluft bei adiabatischer Entspannung und bei einer Anfangstemperatur von 30° auf —13° ab. Es bedarf keines Beweises, daß diese starke Temperaturerniedrigung des aus der Düse austretenden Luftstrahles ein großes Hindernis für das Eindringen der Zündflamme in die Düsenöffnung bildet, weil die relativ sehr kalte Zone, welche die Düse während des Einblasens umlagert, die Fortpflanzung der Zündung sehr beeinträchtigt. Diese Zone niedriger Temperatur, welche die Düsenöffnung umgibt, ist auch die eigentliche Ursache davon, daß die Düsenplatte selbst und das untere Ende des Brennstoffventilgehäuses den hohen Temperaturen, die in der unmittelbaren Nähe herrschen, dauernd standhalten können, trotzdem hier Materialanhäufung unvermeidlich und die Einwirkung des Kühlwassers infolgedessen nur gering ist.

c) Versuch mit sinkendem Einblasedruck.

Da die Frage, ob ein Zurücktreten der Zündung, wenn der Einblasedruck allmählich bis auf den Druck im Arbeitszylinder sinkt, eintritt und ob hierdurch unter normalen Verhältnissen und bei normaler Ölhaltigkeit der Einblaseluft explosionsartige Zündungen im Gehäuse des Brennstoffventils auftreten können, von großer Bedeutung ist, so habe ich einen entsprechenden Versuch an einem Dieselmotor vorgenommen.

Bei einem in Betrieb befindlichen Dieselmotor wurde der Kompressor abgestellt, nachdem der Motor im Leerlauf in den Beharrungszustand gekommen war. In dem Augenblick, in welchem der Kompressor abgestellt wurde, betrug der Einblasedruck 60 at; die Zündungen waren regelmäßig und ohne Aussetzer, die Auspuffgase unsichtbar. Nachdem der Kompressor abgestellt war, begann der Druck im Einblasegefäß langsam zu sinken. Als der Druck auf 38 at gesunken war, begannen Aussetzer, und bald darauf wurde der Auspuff sichtbar. Bei 35 ÷ 34 at waren die Auspuffgase dunkel gefärbt; in diesem Augenblick hatte der Einblasedruck die Kompressionsspannung im Arbeitszylinder erreicht; ein weiteres Sinken des Einblasedruckes fand naturgemäß nicht statt. Der Motor wurde in diesem Zustand ca. 1 Stunde in Betrieb gehalten, ohne daß sich irgendeine besondere Störung zeigte.

Dieser Versuch ergibt, daß einerseits, wie auch eine einfache Verfolgung des hierbei vorliegenden Verlaufes des Einblasevorganges zeigt, der Einblasedruck nicht weiter als bis auf die Kompressionsspannung im Arbeitszylinder sinken kann, und daß andererseits beim normalen Arbeiten des Brennstoffventils selbst unter diesen ungünstigen Verhältnissen ein Zurückschlagen der Zündung nicht eintritt. Die Erklärung dafür, daß die Zündung nicht zurücktritt, ist meines Erachtens darin zu suchen, daß die Zündung bei diesen Versuchen sehr spät einsetzte, und zwar erst, nachdem die Nadel wieder geschlossen hatte.

Die vorstehenden Ausführungen lassen sich nunmehr dahingehend zusammenfassen, daß solange der Druck der Einblaseluft größer ist als der Druck im Arbeitszylinder, ein Zurückschlagen der Zündung in das Brennstoffventil nicht möglich ist, daß aber die Zündung zurücktreten muß, sobald der Druck im Brennstoffventil kleiner ist als im Arbeitszylinder, und daß hierbei Zündungen im Brennstoffventil oder in der Einblaseleitung eintreten können, wenn gewisse Bedingungen, die im vorstehenden erörtert wurden, erfüllt sind.

2. Der Höchstdruck.

Für die weitere Untersuchung der Vorgänge beim Aufreißen der Brennstoffventileinsätze und Einblaseleitungen ist zunächst von wesentlicher Bedeutung die Beantwortung der Frage, welche Drücke bei explosionsartigen Verbrennungen von Öl-Luftgemischen in diesen Organen auftreten können. Daß es sich bei dem Vorgang des Aufreißens von Einblaseleitungen aus Kupfer- oder Stahlrohr um sehr hohe Beanspruchungen handeln muß, zeigt schon eine einfache Nachrechnung dieser Teile. Ich habe ein Stück eines derartig aufgerissenen Einblaserohres aus Kupfer von 10 mm Durchmesser und 2,5 mm Wandstärke einer hydraulischen Druckprobe unterworfen, um festzustellen, ob das Rohr an sich einwandfrei war, und hierbei gefunden, daß das Rohr bei einem Innendruck von 600 at noch nicht aufriß. Bei diesem Versuch war es leider nicht möglich, den Probedruck noch weiter zu steigern, weil die zur Verfügung stehende Preßpumpe einen höheren Druck nicht zuließ. Es muß nun die Frage aufgeworfen werden, ob im Brennstoffventil oder in der Einblaseleitung derartig gewaltige Drucksteigerungen möglich sind oder nicht.

Messungen des bei Explosionen von Gasgemischen entstehenden Höchstdruckes sind mit guter Übereinstimmung von zahlreichen Forschern angestellt worden, u. a. von Bunsen, Berthelot und Vieille, Mallard und Le Chatellier, und Clerk. Alle diese Messungen verfolgten jedoch lediglich den Zweck, die Höchstdrücke und Temperaturen zu messen, ferner die Veränderlichkeit der spezifischen Wärme mit der Dichte und mit der Temperatur oder den Dissoziationsgrad bei hohen Temperaturen festzustellen. Da zudem bei diesen Messungen die Anfangsdrücke, unter denen die Ladungen in den zu den Versuchen benutzten Stahlbomben standen, meist relativ sehr niedrig, in vielen Fällen nur 1 at abs. waren, so haben diese Versuche für die hier vorliegende Frage wenig Bedeutung. Daß aber der Anfangsdruck für die Höhe des Enddruckes von wesentlichem Einfluß ist — abgesehen von anderen Faktoren, wie die Art des Gemisches, Lage des Zündpunktes usw. —, haben alle diese Versuche in Übereinstimmung mit der Theorie bewiesen. Die einzigen Versuche, bei denen mit hohen Anfangsdrücken gearbeitet wurde, sind von Dr. J. E. Petavel angestellt worden, über die von D. Clerk[1]) ausführlich berichtet wird. Bei diesen Messungen wurden Anfangsdrücke bis zu 77 at verwendet; als Gasgemische wurden ausschließlich Leuchtgas-Luftgemische benutzt, mit denen Enddrücke von rund 650 at erzielt wurden.

Alle diese Versuche bestätigen lediglich die Theorie, wonach die bei derartigen Verbrennungen entstehende Höchsttemperatur und der hierzu in unmittelbarer Beziehung stehende Höchstdruck eine Funktion ist der zugeführten Verbrennungswärme, der mittleren spezifischen Wärme der Gasmasse und der Anfangstemperatur. Wenn also diese Versuche eine Erklärung für das Auftreten der an Einblaseleitungen beobachteten gewaltigen, zerstörenden Drucksteigerungen nicht liefern, so müssen hier noch Vorgänge anderer Art mitspielen.

Schon Mallard und Le Chatellier hatten bei ihren Versuchen gefunden, daß es außer der Ausbreitung der Flamme durch reine Wärmeleitung noch eine zweite, hiervon gänzlich verschiedene Art der Ausbreitung der Flamme gibt, welche mit bedeutend größerer Geschwindigkeit vor sich geht. Diese Beobachtungen und Untersuchungen wurden durch Berthelot und Vieille und in der neueren Zeit durch H. B. Dixon[2]) erweitert, wobei diese Forscher feststellten, daß während einer bestimmten Periode des Verbrennungsvorganges die Geschwindigkeit der Ausbreitung der Flamme bis auf mehrere 1000 m/sec ansteigen kann. Für Wasserstoff z. B. beträgt diese Maximalgeschwindigkeit 2812 m/sec, für Azetylen 2415 m/sec, vorausgesetzt, daß in beiden Fällen die Gase mit der äquivalenten Menge Sauerstoff gemischt werden. Man erkennt aus diesen Zahlen, daß es sich hier um ganz außerordent-

---

[1]) Dugald Clerk, The Gas, Petrol and Oil-Engine. Vol. I. London 1910. S. 166f.

[2]) H. B. Dixon, On the Movements of the Flame in the Explosion of Gases. Philosophical Transactions of the Royal Society of London. Series A, Vol. 200. London 1903.

liche Geschwindigkeiten handelt. Die hierbei auftretende maximale
Geschwindigkeit ist ein Charakteristikum des betreffenden Gasgemisches.

Berthelot hat als erster diese Erscheinung als Explosionswelle
bezeichnet. Am eingehendsten sind diese Vorgänge, sowohl experimentell wie auch rechnerisch, von H. B. Dixon untersucht worden,
dem wir infolgedessen auch eine fast völlige Klärung aller hierbei mitwirkenden Fragen verdanken, wenn auch die Versuche nur mit Gemischen von Gasen mit reinem Sauerstoff anstatt Luft und mit Verbrennungen ohne vorherige Verdichtung ausgeführt wurden. Die Versuche sind ausschließlich mit zylindrischen Rohren angestellt worden,
welche mit dem Gemisch gefüllt und am offenen Ende entzündet wurden.
Hierbei ist es gelungen, photographische Aufnahmen der Entwicklung
der Flamme und des Verlaufes der Explosionswelle, sowie der gleichzeitig auftretenden Kompressionswelle herzustellen, von denen Nernst
in seiner Abhandlung „Physikalisch-chemische Betrachtungen über Ver-
brennungsprozesse in den Gasmaschinen"[1]) schematische Darstellungen
gibt, an Hand deren auch der ganze Vorgang der Entstehung von
Explosionswellen eingehend erläutert wird. Indem ich auf diese Arbeit
von Nernst verweise, gebe ich im nachstehenden eine kurze Zusammenfassung der hier in Frage stehenden Erscheinungen.

Beim Auftreten von Explosionswellen, die wohl nur in Rohren
voll zur Entwicklung kommen können und stets eine enorme Druckentwicklung zur Folge haben, tritt an Stelle der relativ ruhigen und
langsamen Drucksteigerung, wie man sie in geschlossenen kugelförmigen
Gefäßen oder in zylindrischen Gefäßen, deren Durchmesser relativ
groß zur Länge ist, beobachtet, eine bedeutend schnellere Drucksteigerung, welche derartig heftig verläuft, daß auch bei sehr starken
Rohren eine Zerstörung derselben in den meisten Fällen eintritt. Schon
Mallard und Le Chatellier haben die Entstehung von Explosionswellen damit erklärt, daß das noch nicht verbrannte Gemisch durch
die Expansion der verbrennenden Gase so stark komprimiert wird,
daß dort Selbstzündung mit sehr hohem Verbrennungsdruck eintritt.
Dieser Vorgang beruht auf der bekannten Erscheinung, die sich auch
bei der Untersuchung von Frühzündungen im Arbeitszylinder zeigte,
daß explosive Gasgemische durch genügend hohe Kompression wegen
der hierbei entstehenden Temperatursteigerung zur Entzündung gebracht
werden können. Nernst weist in seiner Abhandlung auch noch auf den
Umstand hin, daß durch die mit der Drucksteigerung verbundene Erhöhung der Konzentration der reagierenden Substanzen auch die Reaktionsgeschwindigkeit erhöht und hierdurch wiederum die Schnelligkeit,
mit welcher die Verbrennungswärme sich entwickelt, vergrößert wird.

---

[1]) Dr. R. Nernst, Physikalisch-chemische Betrachtungen über den Verbrennungsprozeß in den Gasmaschinen. Zeitschr. d. Ver. dtsch. Ing. 1905, S. 1426f.

Wird nun in einem Rohr, dessen Inhalt aus zündfähigem Gemisch besteht, an einer Stelle die Entflammung eingeleitet, so erfolgt eine momentane Expansion der verbrennenden Gaszone unter gleichzeitiger, anfangs relativ mäßiger Druckentwicklung. Hierdurch wird nun die benachbarte, noch nicht entzündete Gasschicht komprimiert, wodurch, wie oben erläutert, die Reaktionsgeschwindigkeit gegenüber derjenigen der zuerst entflammten Schicht wächst. Da nun jede folgende Schicht durch die vorhergehende wiederum höher komprimiert wird, so erfolgt die Fortpflanzung der Zündung mit fortwährend steigender Geschwindigkeit, vorausgesetzt, daß es sich um ein hinreichend brisantes Gemisch handelt. Nach kurzer Zeit wird die Kompression der weiter abliegenden Gasschichten dann so hoch werden, daß die Selbstzündungstemperatur erreicht wird, die eine Ausbreitung der Entflammung mit gewaltiger Geschwindigkeit und Drucksteigerung, d. h. das Entstehen der Berthelotschen Explosionswellen, zur Folge hat.

Besonders bemerkenswert ist bei den überaus lehrreichen Versuchen von Dixon, daß mit der Länge der Zündstrecke die Wahrscheinlichkeit des Entstehens von Explosionswellen wächst. Hierdurch erklärt sich auch die Beobachtung, daß Explosionswellen selbst bei sehr brisanten Gemischen in geschlossenen Gefäßen in Form von Kugeln oder kurzen Zylindern nicht vorkommen, dagegen stets in Rohren. Fernerhin hat sich ergeben, daß das Auftreten der Explosionswellen mit der Höhe der Temperatur, auf welche das Gemisch durch reine Kompression gebracht werden muß, damit Selbstzündung eintritt, eng zusammenhängt. Schon bei der Untersuchung der Frühzündungen im Arbeitszylinder habe ich darauf hingewiesen, welche Bedeutung der Entzündungstemperatur von brennbaren Öl-Luftgemischen beizumessen ist; den bisher vorliegenden Versuchen über diese Frage haftet leider der Mangel an, daß sie alle nur bei atmosphärischem Druck und unter Zugrundelegung der Wärmeübertragung durch Wärmeleitung auf das Gemisch vorgenommen worden sind. Zur völligen Klärung der hier vorliegenden Fragen, die besonders für den Dieselmotorenbau von großer Bedeutung sind, ist es erforderlich, das Auftreten von Selbstzündungen, lediglich erzeugt durch reine Kompression des Gemisches, unter möglichst enger Anlehnung an die Verhältnisse im Motorzylinder noch durch eingehende Versuche zu klären. Anschließend hieran wären dann auch die durch das Auftreten von Explosionswellen entstehenden Maximaldrücke und Temperaturen zu untersuchen, wodurch dem Konstrukteur wichtige Anhaltspunkte bezüglich der Ausführung von Einblaseleitungen an die Hand gegeben würden. Zahlenmäßige Angaben über die beim Auftreten von Explosionswellen in Rohren entstehenden Höchstdrücke liegen leider bis heute nicht vor, was um so mehr zu bedauern ist, als diese

Erscheinungen für den Verbrennungsmotorenbau von der größten Bedeutung sind.

Die hier vorliegende Frage des Aufreißens von Einblaseleitungen kann auf Grund der bisherigen Versuche über Drucksteigerungen beim Entzünden von brennbaren Gemischen in Rohren und auf Grund meiner Beobachtungen nur durch das Auftreten von Explosionswellen erklärt werden, weil nur hierbei die gewaltigen Drucksteigerungen entstehen können, welche für das Aufreißen der für Einblaseleitungen stets verwendeten nahtlosen Kupfer- oder Stahlrohre Bedingung sind. Wenn auch, wie oben erwähnt, zahlenmäßige Angaben über die hierbei entstehenden Höchstdrücke noch nicht zur Verfügung stehen, so bin ich doch der Ansicht, daß schon allein die Erkenntnis, daß es sich bei der Zerstörung von Einblaseleitungen um das Auftreten und die Wirkungen von Explosionswellen handelt, die Möglichkeit bietet, wirksame Gegenmaßnahmen, auf welche ich in einem späteren Abschnitt ausführlich eingehen werde, durch zweckentsprechende Ausbildung der Einblaseleitung und des Brennstoffventils zu treffen.

3. Der Einfluß der Temperatur.

Bei der Zerstörung der Brennstoffventileinsätze und Einblaseleitungen wirkt nun außer den hohen Drücken, welche durch das Auftreten von Explosionswellen hervorgerufen werden, noch ein anderer Umstand mit, den ich in die Erörterung noch nicht mit einbegriffen habe und der auch bisher allgemein nicht die ihm zukommende Beachtung gefunden hat, nämlich die außerordentlich hohe Temperatur, welcher die Innenwände gleichzeitig mit dem Auftreten der enormen Innendrücke ausgesetzt sind. Es bedarf keines Beweises, daß gleichzeitig mit den durch das Auftreten von Explosionswellen verursachten gewaltigen Drucksteigerungen sehr hohe und plötzlich sich entwickelnde Temperaturen in den Rohren entstehen.

Hervorgerufen wird die Temperatursteigerung im Innern des Brennstoffventils und der Einblaseleitung auch schon allein durch das Zurückschlagen der heißen Verbrennungsgase durch die Bohrung der Düsenplatte, ohne daß im Innern des Brennstoffventils oder der Einblaseleitung eine sekundäre Entzündung stattfindet. Feststellungen über die Höhe der hierbei entstehenden Temperaturen sind naturgemäß sehr schwierig; immerhin geben die Feststellungen, die ich bei Untersuchungen gelegentlich der Zerstörung von Brennstoffventilen und Einblaseleitungen machen konnte, einigen Anhalt und können als Unterlage für die weiteren Betrachtungen und Schlußfolgerungen dienen. In mehreren Fällen habe ich die Beobachtung machen können, daß die Zerstäuberplatten vollkommen geschmolzen waren und in Form von wieder erstarrten Tropfen im Zerstäuberraum vorgefunden wurden.

Hierbei war jedoch ein Aufreißen des Brennstoffventils oder der Einblaseleitung nicht eingetreten, es handelte sich vielmehr lediglich um ein Hängenbleiben der Brennstoffnadel und um ein Zurückschlagen der Zündflamme aus dem Zylinder in das Brennstoffventil. Die in Frage stehenden Zerstäuberplatten bestanden aus Deltametall, dessen Schmelzpunkt bei rund 950° liegt. Hieraus geht hervor, daß schon allein durch das Zurücktreten der Zündung in das Brennstoffventil im Inneren desselben Temperaturen von mindestens rund 1000° auftreten können. Wie weit sich die Wirkung dieser hohen Temperatur bis in die Einblaseleitung hinein erstreckt, ist ungewiß; man ist aber berechtigt anzunehmen, daß auch noch ein beträchtliches Stück der Einblaseleitung durch diese hohe Innentemperatur in Mitleidenschaft gezogen wird, zumal wenn man berücksichtigt, daß die bei einer Frühzündung aus dem Arbeitszylinder in das Brennstoffventil zurückschlagenden Gase eine sehr hohe Einströmgeschwindigkeit annehmen müssen. Von besonderer Bedeutung ist hierbei der Umstand, daß diese hohe Innentemperatur auch dann eintritt, wenn eine sekundäre Zündung in den Einblaselufträumen nicht erfolgt, vielmehr lediglich die überaus heißen Gase aus dem Arbeitszylinder in das Brennstoffventil zurücktreten.

Durch das Auftreten dieser hohen Innentemperaturen, welche die Innenwandungen des Brennstoffventils und der Einblaseleitungen momentan sehr stark erhitzen, wird nun nicht nur die Widerstandsfähigkeit des Materials stark herabgemindert, sondern es treten auch außer den durch den Innendruck hervorgerufenen Spannungen noch weitere zusätzliche Spannungen auf, hervorgerufen durch die Temperaturunterschiede auf dem Innen- und Außenmantel der als dickwandige Rohre zu betrachtenden Einsätze der Brennstoffventile und der Einblaseleitung selbst.

Es handelt sich nunmehr darum, die Wirkung dieser Temperaturen auf die Widerstandsfähigkeit der Rohrwandungen zu untersuchen.

a) Das Rohrmaterial.

Es ist eine bekannte Erscheinung, daß die Festigkeitseigenschaften der verschiedenen Baustoffe in hohem Maße von der Temperatur abhängen. Über diesen Einfluß der Temperatur liegen sowohl für Stahl und Eisen (Martens) als auch für Kupfer (Martens, Rudeloff und Stribeck) zahlreiche Versuche vor, deren Ergebnisse in genügender Übereinstimmung miteinander stehen.

In Fig. 21 und 22, die dem Buche „Festigkeitseigenschaften und Gefügebilder der Konstruktionsmaterialien" von C. Bach und R. Baumann[1]) (Fig. 15 und 547) entnommen sind, ist der charakteristische

---

[1]) C. Bach und R. Baumann, Festigkeitseigenschaften und Gefügebilder der Konstruktionsmaterialien. Berlin 1915.

Einfluß der Temperatur auf die Festigkeitseigenschaften von Flußeisen und Kupfer graphisch dargestellt. Man erkennt, daß das Verhalten
dieser beiden Materialien bei steigender Temperatur grundsätzlich verschieden ist. Während nämlich beim Kupfer sämtliche Koeffizienten,
nämlich Zugfestigkeit, Bruchdehnung und Querschnittsverminderung,

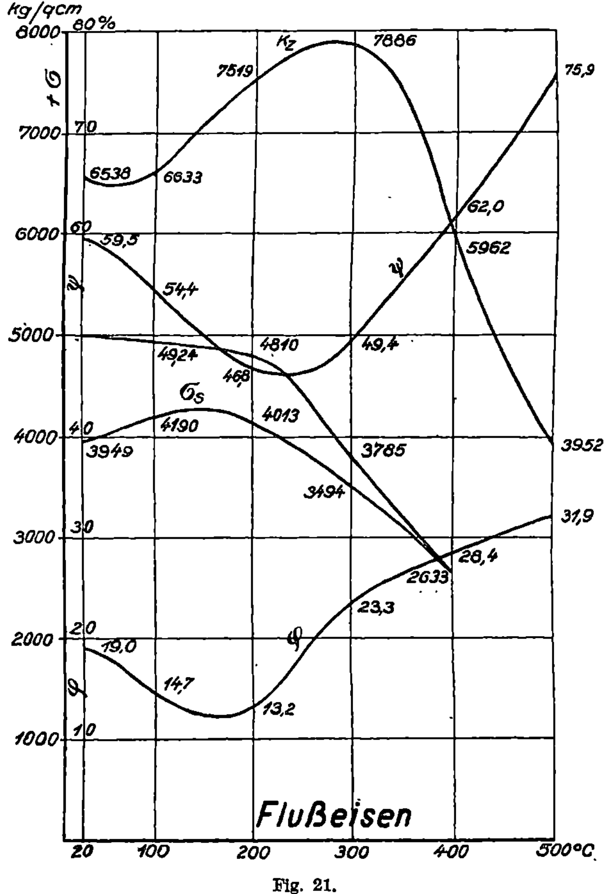

Fig. 21.

stetig abnehmen, zeigt sich beim Flußeisen ein wesentlich anderes
Bild. Die Querschnittsverminderung sinkt bis zu etwa 240°, um dann
wieder steil anzusteigen; ähnlich verhält sich die Dehnung, die bei
etwa 180° ein Minimum erreicht und von da mit steigender Temperatur
rasch wieder anwächst. Die Zugfestigkeit steigt bis zu etwa 300°
stetig an und fällt dann wieder, beträgt aber bei 500° immer noch
60% des Wertes bei 20°. Dieser Vergleich der beiden Kurvenbilder
zeigt, daß bei höheren Temperaturen Flußeisen als Konstruktions-

material dem Kupfer unter allen Umständen vorzuziehen ist, zumal das letztere schon bei einer Temperatur von ca. 300° nur noch die

Hälfte seiner normalen Festigkeit (ca. 2400 kg/cm²) und Dehnung (ca. 40%) aufweist. In einer anderen Figur des oben erwähnten Buches (Fig. 559) wird das Gefüge eines Kupferrohres wiedergegeben, dessen Material bei 20° eine Zugfestigkeit von 2879 kg/cm² und bei 400° eine solche von nur noch 682 kg/cm² = 23,7% des ursprünglichen Wertes aufwies. Aus diesem Grunde sollte für die Einblaseleitungen stets nur bestes Flußeisen, nicht dagegen Kupfer verwendet werden.

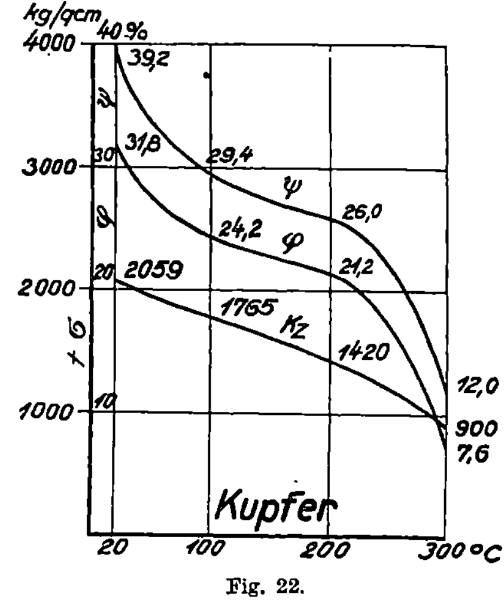

Fig. 22.

Über den Einfluß der Temperatur auf die Festigkeitseigenschaften des Gußeisens liegen nur wenig einwandfreie Versuche vor. Der Fig. 577 des obenerwähnten Buches von C. Bach und R. Baumann ist die in Fig. 23 wiedergegebene Kurve des Verlaufs der Zugfestigkeit von hochwertigem Gußeisen als

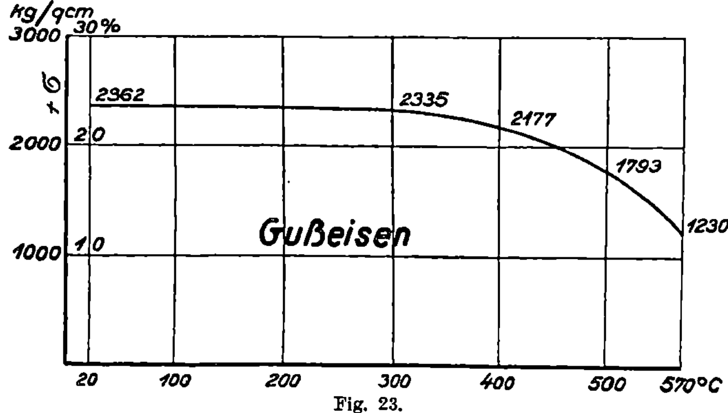

Fig. 23.

Funktion der Temperatur entnommen, aus welcher als besonders charakteristische Eigenschaft des Gußeisens zu erkennen ist, daß die Zugfestigkeit erst von 400° ab merklich zu sinkenbeginnt und bei 500° immer noch 76% des ursprünglichen Wertes bei 20° beträgt. Man darf deshalb sagen, daß gegen die Verwendung von Gußeisen für die Einsätze der Brennstoffventile, lediglich wegen der im Innern derselben zeitweilig möglichen hohen Temperaturen, nichts einzuwenden ist.

b) Zusätzliche Spannungen in der Rohrwand.

Wird die Luft im Innern des Brennstoffventils und der Einblaseleitung plötzlich auf eine Temperatur von 1000° und mehr erhitzt, so wird der Innenmantel dieser als dickwandige zylindrische Rohre aufzufassenden Teile sehr stark erwärmt werden, ohne daß gleichzeitig auch der Außenmantel dieselbe Temperatur annehmen kann. Je nach der Größe der Leitfähigkeit des Materials wird zwischen dem Innenmantel und dem Außenmantel eine mehr oder weniger große Temperaturdifferenz entstehen, deren Größe auch unmittelbar von der absoluten Höhe der Temperatur des Rohrinhaltes abhängt. Befinden sich aber die inneren und äußeren Mantelflächen eines Rohres auf verschieden hohen Temperaturen T_1 und T_2, so werden sich die heißen Teile, im vorliegenden Falle die innere Mantelfläche und die ihr zunächst liegenden Schichten, ausdehnen, während die kälteren Teile in der Nähe der äußeren Mantelfläche ihre gegenseitige Lage beibehalten. Da nun die heißeren und kälteren Teile als Rohrwand körperlich zusammenhängen, so müssen Spannungen entstehen, deren Größe sich rechnerisch ermitteln läßt und recht erhebliche Werte annehmen kann.

Die Theorie der Temperaturspannungen ist von verschiedenen Seiten eingehend behandelt worden, u. a. von Föppl[1]), von H. Lorenz[2]) und von R. Lorenz[3]). Hierbei ist jedoch für die Ermittlung der Spannungen stets nur der Sonderfall eines Rohres ohne Innenoder Außendruck angenommen, während in der Technik, wie der hier vorliegende Fall zeigt, in den meisten Fällen neben der Beanspruchung des Rohres durch die reinen Temperaturspannungen noch Beanspruchungen durch inneren oder äußeren mehr oder weniger hohen Gasoder Flüssigkeitsdruck auftreten. Es ist nun die Frage aufzuwerfen, ob es zulässig ist, die reinen Temperaturspannungen und die durch den Innen- oder Außendruck entstehenden Spannungen in ihre Komponenten zu zerlegen und die gleich gerichteten Komponenten einfach zu addieren. Wenn man auch auf Grund des Superpositionsgesetzes die Zulässigkeit einer solchen unmittelbaren Addition als sehr wahrscheinlich annehmen muß, so gibt es immerhin Fälle mit ähnlicher Spannungsverteilung, in denen sich bei genauer mathematischer Untersuchung eine einfache Addition als unzulässig herausgestellt hat. Aus diesem Grunde soll im folgenden Abschnitte die von H. Lorenz aufaufgestellte Theorie der Temperaturspannungen erweitert werden, und zwar auf den Fall, bei dem das Rohr gleichzeitig unter einem Innendruck von p at steht.

---

[1]) A. Föppl, Vorlesungen über technische Mechanik. Bd. V, § 39 f. Leipzig 1907.

[2]) H. Lorenz, Lehrbuch der technischen Physik. Bd. IV, § 60. München und Berlin 1913.

[3]) R. Lorenz, Temperaturspannungen in Hohlzylindern. Zeitschr. d. Ver. dtsch. Ing. 1907, S. 743.

4. Temperaturspannungen in Hohlzylindern mit Innendruck.

a) Dickwandige Rohre unter Innendruck.

Für ein dickwandiges Rohr vom Innenradius r_1 und Außenradius r_2 (Fig. 24), welches unter einem Innendruck von p at steht, während der Außendruck vernachlässigt werden darf, gelten nach H. Lorenz[1]) für die radialen und tangentialen Spannungen auf der Innen- und Außenseite die bekannten Gleichungen:

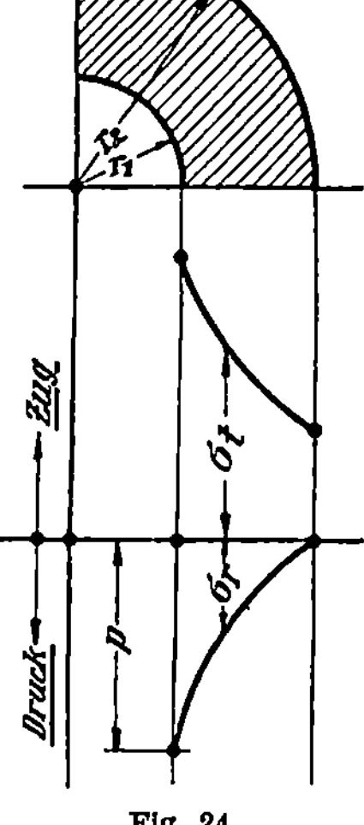

$$(1) \qquad \sigma_{r1} = -p \, ,$$

$$(2) \qquad \sigma_{t1} = p \, \frac{r_2^2 + r_1^2}{r_2^2 - r_1^2} \, ,$$

$$(3) \qquad \sigma_{r2} = 0 \, ,$$

$$(4) \qquad \sigma_{t2} = p \, \frac{2 \, r_1^2}{r_2^2 - r_1^2} \, .$$

Hierin bedeuten:

σ_{r1} die radiale Spannung für die Innenseite,
σ_{r2} die radiale Spannung für die Außenseite,
σ_{t1} die tangentiale Spannung für die Innenseite,
σ_{t2} die tangentiale Spannung für die Außenseite,
p den Innendruck,
r_1 den Innenradius,
r_2 den Außenradius.

Fig. 24.

Das Rohr erleidet demnach in radialer Richtung eine Druckspannung, in tangentialer Richtung eine Zugspannung, die innen höher ist als außen. In Fig. 24 ist der Spannungsverlauf in Diagrammform wiedergegeben.

b) Temperaturspannungen dickwandiger Rohre.

Befindet sich die innere und äußere Mantelfläche eines Rohres auf verschieden hohen Temperaturen T_1 und T_2, so dehnen sich, wie schon oben erwähnt, die heißen Teile aus, die kälteren Teile dagegen behalten ihre Lage bei bzw. ziehen sich zusammen. Da die heißeren und kälteren Teile jedoch körperlich zusammenhängen (Rohrwand), so müssen, ohne daß äußere Kräfte vorhanden sind, Spannungen entstehen, deren Größe sich rechnerisch ermitteln läßt.

---

1) H. Lorenz, Lehrbuch der technischen Physik. Bd. IV, § 57. München und Berlin 1913.

Für die Radialspannungen σ_r, die Tangentialspannungen σ_t und die Achsialspannungen σ_z entwickelt L o r e n z die folgenden Gleichungen [1]:

$$(5)\quad \frac{\sigma_r}{2\,G} = \frac{A}{\mu-2} + \frac{\mu}{\mu-2}\,B - \frac{C}{r^2} - \frac{\mu+1}{\mu-1}\,\alpha\,T' + \frac{\mu+1}{\mu-2}\,\alpha\,T_0\,,$$

$$(6)\quad \frac{\sigma_t}{2\,G} = \frac{A}{\mu-2} + \frac{\mu}{\mu-2}\,B + \frac{C}{r^2} + \frac{\mu+1}{\mu-1}\,\alpha\,(T'-T) + \frac{\mu+1}{\mu-2}\,\alpha\,T_0,$$

$$(7)\quad \frac{\sigma_z}{2\,G} = \frac{\mu-1}{\mu-2}\,A + \frac{2\,B}{\mu-2} - \frac{\mu+1}{\mu-1}\,\alpha\,T + \frac{\mu+1}{\mu-2}\,\alpha\,T_0\,.$$

Hierin bedeuten:

σ_r die Radialspannungen,

σ_t die Tangentialspannungen,

σ_z die Achsialspannungen,

μ den Querkontraktionskoeffizienten,

α den linearen Ausdehnungskoeffizienten des Materials,

G den Gleitmodul,

r den Radius eines Ringsektors der Rohrwand,

T_0 die Mitteltemperatur des Materials,

T die Temperatur im Ringsektor,

T' Abkürzung für $\dfrac{1}{r^2}\displaystyle\int T\,r\,dr$

$A,\,B,\,C$ drei Integrationskonstanten.

Für die Bestimmung der Integrationskonstanten A, B und C führt L o r e n z nun die Bedingungen ein, welche für Rohre ohne inneren Gasdruck gelten, d. h. die Rechnung wird durchgeführt für Rohre, bei denen die Spannungen lediglich durch die Temperaturdifferenz auf den beiden Mantelflächen hervorgerufen werden. In unserem Falle handelt es sich jedoch um die Bestimmung von Spannungen, welche außer durch Temperaturdifferenz gleichzeitig durch einen inneren Gasdruck hervorgerufen werden. Da L o r e n z das Vorhandensein eines Innendruckes nicht in seine rechnerische Entwicklung einbegreift, bestimmt er die Integrationskonstanten in obigen Gleichungen durch die Bedingungen, daß die Radialspannungen σ_r für den Innen- und Außenmantel, also für r_1 und r_2 verschwinden, und daß außerdem die Achsialspannungen σ_z sich gegenseitig ausgleichen müssen, eine Resultante hierfür also nicht vorhanden ist.

---

[1] H. L o r e n z, Lehrbuch der Technischen Physik. Bd. IV, § 60. München und Berlin 1913.

Unter diesen Annahmen erhält er für die Spannungsmaxima die Gleichungen:

$$(8) \quad \frac{\sigma_r}{2\,G} = \alpha\,\frac{\mu+1}{\mu-1}\left[\frac{T_2'\,r_2^2 - T_1'\,r_1^2 - (T_2' - T_1')\dfrac{r_1^2 \cdot r_2^2}{r^2}}{r_2^2 - r_1^2} - T'\right],$$

$$(9) \quad \frac{\sigma_t}{2\,G} = \alpha\,\frac{\mu+1}{\mu-1}\left[\frac{T_2'\,r_2^2 - T_1'\,r_1^2 - (T_2' - T_1')\dfrac{r_1^2 \cdot r_2^2}{r^2}}{r_2^2 - r_1^2} + T' - T\right],$$

$$(10) \quad \frac{\sigma_z}{2\,G} = \alpha\,\frac{\mu+1}{\mu-1}\left(2\,\frac{T_2'\,r_2^2 - T_1'\,r_1^2}{r_2^2 - r_1^2} - T\right),$$

und hieraus für die Innen- und Außenwand

$$(11) \quad \sigma_{t1} = \sigma_{z1} = 2\,\alpha\,G\,\frac{\mu+1}{\mu-1}\left(2\,\frac{T_2'\,r_2^2 - T_1'\,r_1^2}{r_2^2 - r_1^2} - T_1\right) = \sigma_1,$$

$$(12) \quad \sigma_{t2} = \sigma_{z2} = 2\,\alpha\,G\,\frac{\mu+1}{\mu-1}\left(2\,\frac{T_2'\,r_2^2 - T_1'\,r_1^2}{r_2^2 - r_1^2} - T_2\right) = \sigma_2.$$

Durch Einführen des bekannten Gesetzes der Temperaturverteilung, welches aus der Erfahrung abgeleitet ist, daß die in der Zeiteinheit durch eine Scheibe vom Querschnitt f und der Dicke dr strömende Wärmemenge Q der Beziehung

$$(13) \qquad Q = k \cdot f\,\frac{dT}{dr}$$

entspricht, worin k der Wärmeleitungskoeffizient und dT der Temperaturunterschied der beiden im Abstande dr voneinander entfernten Oberflächen der Scheibe ist, ergeben sich dann die Endgleichungen

$$(14) \qquad \sigma_1 = \alpha\,G\,\frac{\mu+1}{\mu-1}(T_2 - T_1)\left[\frac{2\,r_2^2}{r_2^2 - r_1^2} - \frac{1}{\lg n\,\dfrac{r_2}{r_1}}\right].$$

$$(15) \qquad \sigma_2 = \alpha\,G\,\frac{\mu+1}{\mu-1}(T_2 - T_1)\left[\frac{2\,r_1^2}{r_2^2 - r_1^2} - \frac{1}{\lg n\,\dfrac{r_2}{r_1}}\right].$$

Diese Gleichungen besagen, daß die Spannungsmaxima dem Temperaturunterschied proportional sind und nur von dem Verhältnis der Radien $r_2 : r_1$ abhängen, nicht dagegen von den absoluten Werten der Temperatur und den Abmessungen des Rohres.

Es fragt sich nun, ob diese Spannungen, welche in tangentialer Richtung wirken, ohne weiteres zu den Tangentialspannungen σ_{t1} und σ_{t2} nach Gl. (2) und (4), welche bei Rohren mit dem Innendruck p auftreten, addiert werden können. Zur Untersuchung dieser Frage seien die von Lorenz aufgestellten Gl. (5) bis (7) im nachstehenden mit den Bedingungen weiter entwickelt, welche auf Grund des Hinzukommens eines Innendruckes aufgestellt werden müssen.

c) Radialspannungen.

Die Gleichung der Radialspannungen lautet nach Lorenz:

$$(5)\quad \frac{\sigma_r}{2G} = \frac{A}{\mu-2} + \frac{\mu}{\mu-2}B - \frac{C}{r^2} - \frac{\mu+1}{\mu-1}\alpha T' + \frac{\mu+1}{\mu-2}\alpha T_0,$$

für den Innenmantel gilt demnach

$$(16)\quad \frac{\sigma_{r1}}{2G} = \frac{A}{\mu-2} + \frac{\mu}{\mu-2}B - \frac{C}{r_1^2} - \frac{\mu+1}{\mu-1}\alpha T_1' + \frac{\mu+1}{\mu-2}\alpha T_0.$$

Für den Außenmantel wird auch bei Innendruck $\sigma_r = 0$; daraus folgt:

$$(17)\quad \frac{\sigma_{r2}}{2G} = 0 = \frac{A}{\mu-2} + \frac{\mu}{\mu-2}B - \frac{C}{r_2^2} - \frac{\mu+1}{\mu-1}\alpha T_2' + \frac{\mu+1}{\mu-2}\alpha T_0,$$

hieraus:

$$(18)\quad 0 = A + \mu B - \frac{C(\mu-2)}{r_2^2} - \frac{(\mu+1)(\mu-2)}{\mu-1}\alpha T_2' + (\mu+1)\alpha T_0.$$

Aus Gl. (16) folgt:

$$(16\,\mathrm{a})\quad \left\{ \begin{aligned} & \frac{\sigma_{r1}(\mu-2)}{2G} = A + \mu B - \frac{C(\mu-2)}{r_1^2} \\ & - \frac{(\mu+1)(\mu-2)}{\mu-1}\alpha T_1' + (\mu+1)\alpha T_0. \end{aligned} \right.$$

Durch Subtraktion der Gl. (18) von Gl. (16a) folgt:

$$(16\,\mathrm{b})\quad \frac{\sigma_{r1}(\mu-2)}{2G} = C(\mu-2)\left[\frac{1}{r_2^2} - \frac{1}{r_1^2}\right] + \frac{(\mu+1)(\mu-2)}{\mu-1}(T_2' - T_1')\alpha$$

oder

$$(16\,\mathrm{c})\quad C = \left[\frac{\sigma_{r1}}{2G} - \left(\frac{\mu+1}{\mu-1}\right)(T_2' - T_1')\alpha\right]\frac{1}{\dfrac{1}{r_2^2} - \dfrac{1}{r_1^2}}.$$

Multipliziert man Gl. (16a) mit r_1^2 und Gl. (18) mit r_2^2 und subtrahiert Gl. (18) von Gl. (16a), so folgt:

$$(19)\quad \left\{ \begin{aligned} & -\frac{\sigma_{r1}}{2G}(\mu-2)r_1^2 = A(r_2^2 - r_1^2) + \mu B(r_2^2 - r_1^2) \\ & -\frac{(\mu+1)(\mu-2)}{\mu-1}\alpha(T_2'r_2^2 - T_1'r_1^2) + (\mu+1)\alpha T_0(r_2^2 - r_1^2) \end{aligned} \right.$$

oder:

$$(19\,\text{a})\quad
\begin{cases}
- \dfrac{\sigma_{r1}}{2\,G}\,(\mu - 2)\,\dfrac{r_1^2}{r_2^2 - r_1^2} = A + \mu\,B \\[3mm]
- \dfrac{(\mu + 1)\,(\mu - 2)}{\mu - 1}\,\alpha\,\dfrac{T_2'\,r_2^2 - T_1'\,r_1^2}{r_2^2 - r_1^2} + (\mu + 1)\,\alpha\,T_0 \,.
\end{cases}$$

Durch Umstellen:

$$(19\,\text{b})\quad
\begin{cases}
A + \mu\,B + (\mu + 1)\,\alpha\,T_0 \\[2mm]
= \dfrac{(\mu + 1)\,(\mu - 2)}{\mu - 1}\,\dfrac{\alpha}{r_2^2 - r_1^2}(T_2'\,r_2^2 - T_1'\,r_1^2) - \dfrac{\sigma_{r1}}{2\,G}\,(\mu - 2)\,\dfrac{r_1^2}{r_2^2 - r_1^2}\,.
\end{cases}$$

Da auch im vorliegenden Fall wie bei Lorenz die Achsialspannungen sich gegenseitig ausgleichen müssen, so gilt auch hier die von Lorenz abgeleitete Beziehung

$$(20)\quad (\mu - 1)\,A + 2\,B + (\mu + 1)\,\alpha\,T_0 = 2\,\alpha\,\frac{\mu + 1}{\mu - 1}\cdot\frac{\mu - 2}{r_2^2 - r_1^2}(T_2'\,r_2^2 - T_1'\,r_1^2)\,.$$

Durch Einsetzen von Gl. (16c) und (19b) in die Gl. (5), deren Seiten mit $(\mu - 2)$ multipliziert werden, folgt:

$$(5\,\text{a})\quad
\begin{cases}
\sigma_r\,\dfrac{\mu - 2}{2\,G} = \dfrac{\alpha}{r_2^2 - r_1^2}\,\dfrac{(\mu + 1)\,(\mu - 2)}{\mu - 1}(T_2'\,r_2^2 - T_1'\,r_1^2) \\[3mm]
\qquad - \dfrac{\sigma_{r1}}{2\,G}\,(\mu - 2)\,\dfrac{r_1^2}{r_2^2 - r_1^2} \\[3mm]
\qquad - \dfrac{\mu - 2}{r_2}\left[\dfrac{\sigma_{r1}}{2\,G} - \dfrac{\mu + 1}{\mu - 1}(T_2' - T_1')\,\alpha\right]\dfrac{1}{\dfrac{1}{r_2^2} - \dfrac{1}{r_1^2}} \\[5mm]
\qquad - \dfrac{\mu + 1}{\mu - 1}\,\alpha\,T'(\mu - 2)\,.
\end{cases}$$

Der Faktor $\dfrac{1}{\dfrac{1}{r_2^2} - \dfrac{1}{r_1^2}}$ kann geschrieben werden $\dfrac{r_1^2\cdot r_2^2}{r_1^2 - r_2^2} = -\dfrac{r_1^2\cdot r_2^2}{r_2^2 - r_1^2}$,

so daß Gl. (5a) sich zusammenziehen läßt in

$$(5\,\text{b})\quad
\begin{cases}
\dfrac{\sigma_r}{2\,G}\,(\mu - 2) = \dfrac{\alpha}{r_2^2 - r_1^2}\,\dfrac{(\mu + 1)(\mu - 2)}{\mu - 1}(T_2'\,r_2^2 - T_1'\,r_1^2) \\[3mm]
\qquad - \dfrac{\sigma_{r1}}{2\,G}\,(\mu - 2)\,\dfrac{r_1^2}{r_2^2 - r_1^2} + \dfrac{\mu - 2}{r^2}\,\dfrac{\sigma_{r1}}{2\,G}\,\dfrac{r_1^2\cdot r_2^2}{r_2^2 - r_1^2} \\[3mm]
- \dfrac{\mu + 1}{\mu - 1}(T_2' - T_1')\,\alpha\,\dfrac{r_1^2\cdot r_2^2}{r_2^2 - r_1^2}\,\dfrac{\mu - 2}{r^2} - \dfrac{(\mu + 1)}{(\mu - 1)}\,\alpha\,T'(\mu - 2)\,.
\end{cases}$$

Setzt man hierin $\sigma_{r1} = -p$, so folgt mit einigen Umformungen:

$$(5\,\mathrm{c}) \quad \begin{cases} \dfrac{\sigma_r}{2\,G} = \dfrac{\alpha}{\mu - 1}\,(\mu + 1)\left[\dfrac{T_2'\,r_2^2 - T_1'\,r_1^2}{r_2^2 - r_1^2} - \dfrac{T_2' - T_1'}{r^2}\,\dfrac{r_1^2 \cdot r_2^2}{r_2^2 - r_1^2} - T'\right] \\[3mm] \qquad\qquad + \dfrac{p}{2\,G}\left[\dfrac{r_1^2}{r_2^2 - r_1^2} - \dfrac{r_1^2 \cdot r_2^2}{r^2\,(r_2^2 - r_1^2)}\right] \end{cases}$$

und hieraus:

$$(5\,\mathrm{d}) \quad \begin{cases} \dfrac{\sigma_r}{2\,G} = \alpha\,\dfrac{\mu + 1}{\mu - 1}\left[\dfrac{T_2'\,r_2^2 - T_1'\,r_1^2 - (T_2' - T_1')\dfrac{r_1^2 \cdot r_2^2}{r^2}}{r_2^2 - r_1^2} - T'\right] \\[3mm] \qquad\qquad + \dfrac{p}{2\,G}\,\dfrac{r_1^2}{r_2^2 - r_1^2}\left[1 - \left(\dfrac{r_2}{r}\right)^2\right] \end{cases}$$

Das erste Glied dieses für σ_r erhaltenen Ausdruckes stimmt überein mit Gl. (8) der von Lorenz abgeleiteten Beziehung für die radiale Spannungskomponente der reinen Temperaturspannungen mit $p = 0$ und verschwindet für $r = r_1$ und $r = r_2$. Der zweite Ausdruck dagegen ist gleich der radialen Spannung für Rohre, welche durch den Innendruck allein beansprucht sind, der für $r = r_1$ gleich $-p$ und für $r = r_2$ gleich Null wird.

Damit ist bewiesen, daß sich die radialen Spannungen, die in einem Rohre herrschen, welches gleichzeitig durch einen Innendruck und durch Temperaturspannungen beansprucht ist, einfach addieren lassen.

d) Tangentialspannungen.

Die Gleichung der Tangentialspannungen lautet nach Lorenz:

$$(6) \quad \frac{\sigma_t}{2\,G} = \frac{A}{\mu - 2} + \frac{\mu}{\mu - 2}\,B + \frac{C}{r^2} + \frac{\mu + 1}{\mu - 1}\,\alpha\,(T' - T) + \frac{\mu + 1}{\mu - 2}\,\alpha\,T_0\;.$$

Dieser Ausdruck für $\dfrac{\sigma_t}{2\,G}$ unterscheidet sich von dem für $\dfrac{\sigma_r}{2\,G}$ (Gl. 5) einerseits dadurch, daß der Faktor des vierten Gliedes hier $+(T' - T)$ lautet anstatt $-T$, und andererseits dadurch, daß die Integrationskonstante C positiv anstatt negativ auftritt. Man erhält demnach unmittelbar durch entsprechende Umänderungen aus Gl. (5c):

$$(6\,\mathrm{a}) \quad \begin{cases} \dfrac{\sigma_t}{2\,G} = \dfrac{\alpha}{\mu - 1}\,(\mu + 1)\left[\dfrac{T_2'\,r_2^2 - T_1'\,r_1^2}{r_2^2 - r_1^2} + \dfrac{T_2' - T_1'}{r^2}\,\dfrac{r_1^2 \cdot r_2^2}{r_2^2 - r_1^2} + T' - T\right] \\[3mm] \qquad\qquad + \dfrac{p}{2\,G}\left[\dfrac{r_1^2}{r_2^2 - r_1^2} + \dfrac{r_1^2 \cdot r_2^2}{r^2\,(r_2^2 - r_1^2)}\right], \end{cases}$$

hieraus folgt sofort für

$$(21) \quad \begin{cases} \dfrac{\sigma_{t1}}{2\,G} = \alpha\,\dfrac{\mu + 1}{\mu - 1}\left[\dfrac{T_2'\,r_2^2 - T_1'\,r_1^2}{r_2^2 - r_1^2} + (T_2' - T_1')\cdot\dfrac{r_2^2}{r_2^2 - r_1^2} + T_1' - T_1\right] \\[3mm] \qquad\qquad + \dfrac{p}{2\,G}\left[\dfrac{r_1^2}{r_2^2 - r_1^2} + \dfrac{r_2^2}{r_2^2 - r_1^2}\right]; \end{cases}$$

das letzte Glied wird $+\dfrac{p}{2G}\dfrac{r_1^2+r_2^2}{r_2^2-r_1^2}$ und damit

$$(21a)\quad\begin{cases}\sigma_{t1}=2G\alpha\dfrac{\mu+1}{\mu-1}\dfrac{T_2'r_2^2-T_1'r_1^2+T_2'r_2^2-T_1'r_2^2+T_1'r_2^2-T_1'r_1^2-T_1(r_2^2-r_1^2)}{r_2^2-r_1^2}\\[2ex]\qquad\qquad+p\dfrac{r_1^2+r_2^2}{r_2^2-r_1^2}=\sigma_{z1}=\sigma_1\,,\end{cases}$$

$$(21b)\quad\sigma_{t1}=2G\alpha\frac{\mu+1}{\mu-1}\left(\frac{2\,T_2'r_2^2-2\,T_1'r_1^2}{r_2^2-r_1^2}-T_1\right)+p\frac{r_1^2+r_2^2}{r_2^2-r_1^2}\,,$$

und ebenso

$$(22)\quad\begin{cases}\sigma_{t2}=2G\alpha\dfrac{\mu+1}{\mu-1}\left[\dfrac{T_2'r_2^2-T_1'r_1^2}{r_2^2-r_1^2}+(T_2'-T_1')\dfrac{r_1^2}{r_2^2-r_1^2}+\dfrac{T_2'(r_2^2-r_1^2)}{r_2^2-r_1^2}-T_2\right]\\[2ex]\qquad\qquad+\dfrac{p}{2G}\left[\dfrac{r_1^2}{r_2^2-r_1^2}+\dfrac{r_1^2}{r_2^2-r_1^2}\right]=\sigma_{z2}=\sigma_2\,.\end{cases}$$

$$(22a)\quad\begin{cases}\sigma_{t2}=2G\alpha\dfrac{\mu+1}{\mu-1}\left[\dfrac{T_2'r_2^2-T_1'r_1^2+T_2'r_1^2-T_1'r_1^2+T_2'r_2^2-T_2'r_1^2}{r_2^2-r_1^2}-T_2\right]\\[2ex]\qquad\qquad+\dfrac{p}{2G}\left[\dfrac{r_1^2}{r_2^2-r_1^2}+\dfrac{r_1^2}{r_2^2-r_1^2}\right].\end{cases}$$

$$(22b)\quad\sigma_{t2}=2G\alpha\frac{\mu+1}{\mu-1}\left[\frac{2\,(T_2'r_2^2-T_1'r_1^2)}{r_2^2-r_1^2}-T_2\right]-\frac{p}{2G}\frac{2\,r_1^2}{r_2^2-r_1^2}\,,$$

In den beiden Gleichungen für σ_{t1} und σ_{t2} stellt der erste Ausdruck ebenfalls wieder die von Lorenz entwickelten Formeln [Gl. (11) und (12)] dar für die Temperaturspannungen selbst, während der zweite Ausdruck die Tangentialspannungen für Rohre unter dem Innendruck p nach Gl. (2) und (4) angibt, beides für die Innen- und Außenwand.

Die obige Entwicklung zeigt, daß man, um die Spannungen in einem Rohr zu ermitteln, welches nicht nur unter dem Innendruck p steht, sondern dessen Innen- und Außenwandungen auf verschieden hohen Temperaturen gehalten werden, die aus jedem der beiden Einzelzustände sich ergebende Spannung für sich errechnen und sodann addieren kann, und zwar unter Berücksichtigung des Vorzeichens, je nachdem es sich um Zug- oder Druckspannungen handelt.

e) Der resultierende Spannungsverlauf.

In Fig. 25 ist der aus vorstehender Diskussion hervorgehende Verlauf der Kurven der Radial- und Tangentialspannungen aufgezeichnet, und zwar unter der Annahme, daß $T_1>T_2$ ist. Da in den technischen Aufgaben nur die absoluten Werte der Spannungen auf der Innen- und Außenwand von Interesse sind, so ist der eigentliche Verlauf der Kurven nur angedeutet. Die Kurven $\overline{ab}$ und $\overline{cd}$ stellen den Verlauf der durch den Innendruck allein entstehenden Spannungen dar, und zwar die erstere (*a b*) die Tangentialspannungen, die letztere (*c d*) die Radialspannungen. Die Kurve $\overline{e\,f}$ zeigt die Verteilung der Temperaturspannungen, die, wenn $T_1 > T_2$ ist, auf dem Innenmantel als Druck- und auf dem Außenmantel als Zugspannungen erscheinen. Die Kurve $\overline{g\,h}$ stellt die Vereinigung der Tangentialspannungen (*a b*) und (*e f*) dar.

Die durch die Temperaturdifferenz hervorgerufene Radialspannung σ_r verschwindet nach den Ableitungen von Lorenz auf beiden Zylindermänteln, erreicht aber im Inneren der Rohrwand einen Höchstwert, der

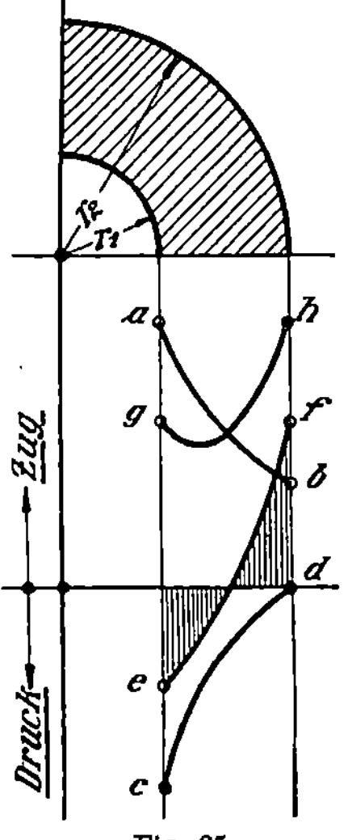

nur die Hälfte der an derselben Stelle herrschenden Achsialspannung erreicht, also wesentlich niedriger ist als die Randspannungen σ_1 und σ_2. Da fernerhin die durch den Innendruck hervorgerufene Radialspannung ihren Maximalwert an der Innenwand erreicht und von dort bis zur Außenwand stetig auf den Wert Null sinkt, so werden die vereinigten Radialspannungen niedriger sein als die tangentialen Randspannungen, welche demnach für die Beurteilung der maximalen Beanspruchung der Rohrwand von ausschlaggebender Bedeutung sind.

Aus dem Kurvenverlauf in Fig. 25 geht hervor, daß durch die Temperaturspannungen mit $T_1 > T_2$ die durch den Innendruck entstehende Zugspannung an der Innenmantelfläche vermindert und unter Umständen sogar in eine Druckspannung verwandelt wird; dagegen wird die durch den Innendruck auf dem äußeren Zylindermantel verursachte Zugspannung durch die dort herrschende Temperaturspannung erhöht, und zwar um den Betrag der durch die Temperaturdifferenz allein hervorgerufenen Zugspannung an dieser Stelle.

Von besonderem Interesse ist noch der Umstand, daß die Spannungsmaxima bei Rohren mit Temperaturspannungen und Spannungen, die durch einen gleichzeitig vorhandenen Innendruck hervorgerufen werden, einerseits dem Temperaturunterschied und andererseits dem Innendruck direkt proportional sind, und lediglich von dem Verhältnis der Radien $r_2 : r_1$, nicht dagegen von den absoluten Werten der Temperatur oder der Radien, abhängig sind. Die vorstehende Theorie ermöglicht es, die in einem Brennstoffventil oder in der Einblaseleitung auftretenden Spannungsmaxima unter Zugrundelegung des Innendruckes und der Temperaturdifferenz rechnerisch zu bestimmen, und hierbei das Verhältnis der Temperaturspannungen zu den lediglich durch den Innendruck hervorgerufenen Spannungen zu ermitteln.

f) Rechnungsbeispiel.

Um das zahlenmäßige Verhältnis der Temperaturspannungen zu den Spannungen, die durch den Innendruck allein hervorgerufen werden, deutlich zu machen, sei im folgenden das Rohr einer Einblaseleitung nachgerechnet.

Es sei:

$$r_1 = 0,50 \text{ cm,}$$
$$r_2 = 0,75 \text{ cm.}$$

I. Beanspruchungen durch den Druck der Einblaseluft
($p = 75$ at).

Nach den Gl. (2) und (4), S. 57, wird:

$$\sigma_{t1} = p \frac{r_2^2 + r_1^2}{r_2^2 - r_1^2} = 75 \frac{0,75^2 + 0,5^2}{0,75^2 - 0,5^2} = 195 \text{ kg/cm}^2,$$

$$\sigma_{t2} = p \frac{2 r_1^2}{r_2^2 - r_1^2} = 75 \frac{2 \cdot 0,5^2}{0,75^2 - 0,5^2} = 120 \text{ kg/cm}^2.$$

II. Beanspruchungen durch Temperaturspannungen.

Für Stahl als Rohrmaterial ist:

$$\alpha = 0,000011,$$
$$G = 850\,000,$$
$$\mu = \infty\, 3,40.$$

Mit $r_2 : r_1 = 1,50$ wird in den Gl. (14) und (15) auf S. 59 nach der von H. Lorenz aufgestellten Tabelle:

$$\beta_1 = +1,134 \text{ als Klammerwert von Gl. (14),}$$
$$\beta_2 = -0,866 \text{ als Klammerwert von Gl. (15).}$$

Hiermit ergibt sich

$$\sigma_1 = 19,50\,(T_2 - T_1) = -19,50\,(T_1 - T_2),$$
$$\sigma_2 = -14,90\,(T_2 - T_1) = 14,90\,(T_1 - T_2),$$

und für die verschiedenen Werte von $(T_1 - T_2)$:

Tabelle II.

$T_1 - T_2 =$	10°	20°	80°	40°	50°	75°	100°
$\sigma_1 =$	−195	−390	−585	−780	−975	−1460	−1950
$\sigma_2 =$	149	298	447	596	745	1115	1490

Aus dieser Tabelle erkennt man deutlich den außerordentlichen Einfluß der Temperaturspannungen, welche auf der Außenseite als Zugspannungen und auf der wärmeren Innenseite als Druckspannungen auftreten. Schon bei einer Temperaturdifferenz von nur 10° wird die durch den Luftdruck von 75 at auf der Innenwand hervorgerufene

Zugspannung durch die von der Temperaturdifferenz herrührende Druckspannung völlig aufgehoben, während die Zugspannung auf der Außenseite um 120% erhöht wird.

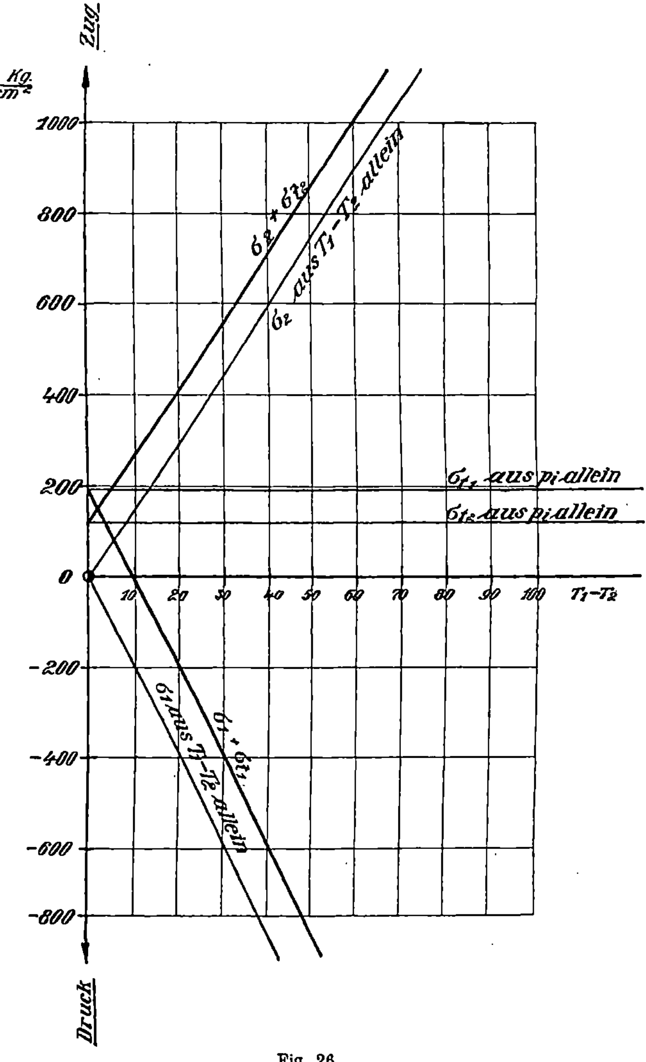

Fig. 26.

In Fig. 26 sind die Spannungen als Abszissen, über den Temperaturdifferenzen als Ordinaten eingetragen. Man erkennt aus diesem Rechnungsbeispiel, daß außer den Drucksteigerungen, welche in den Einblaseleitungen durch das Auftreten von Explosionswellen hervorgerufen werden, auch die gleichzeitig von innen erfolgende starke und plötzliche Erwärmung der Rohre und die hierdurch bewirkte Temperaturdifferenz zwischen dem Innen- und Außenmantel wesentlich zur Zerstörung der Rohre beiträgt, zumal, wie oben erläutert, die Widerstandsfähigkeit des Rohrmaterials gleichzeitig erheblich abnimmt.

5. Zusammenfassung und Gesichtspunkte für die Konstruktion.

Unter Zusammenfassung der Ausführungen der vorigen Abschnitte ergibt sich, daß die eigentliche Ursache für das Entstehen außerordentlicher Druck- und Temperaturspannungen in den Arbeitszylindern und in den Brennstoffventilen nebst anschließenden Einblaseleitungen das Hängenbleiben der Brennstoffnadel ist, durch welche Frühzündungen in den Arbeitszylindern hervorgerufen werden, die ihrerseits wieder die Drucksteigerung in den Einblaseleitungen verursachen. Ich habe fernerhin gezeigt, daß den Drucksteigerungen im Arbeitszylinder durch die Ausrüstung der Zylinder mit Sicherheitsventilen nur in beschränktem Umfange begegnet werden kann, und zwar wegen der eigenartigen Beeinflussung des Entspannungsvorganges durch den kritischen Mündungsdruck im Austrittsquerschnitt der Ventile.

In Anbetracht dieser Verhältnisse ergibt sich ohne weiteres, daß man bei der Konstruktion das Augenmerk in erster Linie darauf zu richten hat, die Hauptursache aller dieser Erscheinungen, nämlich das Hängenbleiben der Brennstoffnadel, nach Möglichkeit auszuschalten. Da aber mit der heute allgemein üblichen Konstruktion des Brennstoffventils und seiner Steuerung das Hängenbleiben von Nadeln nicht unbedingt verhindert werden kann, und auch die Aussichten, daß die Konstruktion unter diesem Gesichtspunkt in Zukunft noch grundsätzlich geändert werden wird, nur gering ist, zumal verschiedene Versuche in dieser Richtung eine praktische Bedeutung nicht haben erlangen können, so ergeben sich unter Zugrundelegung der heute üblichen Bauarten der Brennstoffventile und ihrer Steuerung folgende Grundsätze für die Konstruktion:

a) Das Brennstoffventil.

Um ein Hängenbleiben der Brennstoffnadel möglichst zu verhindern, ist vor allem darauf zu achten, daß einerseits die Kraft der Ventilfeder genügend groß gewählt ist, und daß andererseits die Reibungswiderstände der Nadel an den Stellen, wo sie geführt ist, stets innerhalb der maximal zulässigen Grenzen bleiben. Bei der Bestimmung der Federkraft ist besonders darauf zu achten, daß die Feder während des Schließens der Nadel nicht nur die Reibung in den Führungen und die der Nockenform entsprechenden Beschleunigungskräfte zu überwinden hat, sondern auch den vollen Druck der Einblaseluft, bezogen auf den Nadelquerschnitt in der Packung. Gerade über den letzteren Punkt, die Wirkung des Einblasedruckes auf die Feder, begegnet man selbst in Veröffentlichungen aus der neuesten Zeit noch irrigen Auffassungen, weshalb ich auf diesen Punkt besonders hinweisen möchte. Da von den Reibungswiderständen, welche für die Nadel in Frage kommen, derjenige in der Packung weitaus der größte und am leichtesten veränderliche ist, so hängt das zuverlässige Arbeiten der Brennstoffnadel von der zweckmäßigen Konstruktion und sachgemäßen Instandhaltung der Stopfbüchsenpackung in hohem Maße ab. Aus diesem Grunde sollte die Brennstoffnadel im Bereich der Packung stets gehärtet und geschliffen sein, um die Reibung möglichst zu vermeiden und um dauernd eine riefenfreie, absolut glatte und genau zylindrische Oberfläche zu erhalten.

Da aus den Erörterungen des Abschnittes III 2 hervorgeht, daß die beim Auftreten von Explosionswellen entstehenden Drucksteigerungen sich erst in einer gewissen Entfernung von der Stelle, an welcher die Entzündung eingeleitet wird, voll entwickeln können, so wird das Gehäuse des Brennstoffventils jedenfalls nicht so hohen Drücken ausgesetzt sein wie die weiter zurückliegenden Teile der Einblaseleitung. Dies wird auch insofern durch die Erfahrung bestätigt, als das Gehäuse des Brennstoffventils beim Aufreißen der Einblaseleitung durchaus nicht immer mit aufreißt, trotzdem die Festigkeit dieses Ventilgehäuses meist wesentlich geringer ist als diejenige der aus nahtlosen Kupfer- oder Stahlrohren angefertigten Einblaseleitungen, welche fast stets in Stücke gerissen werden. Trotzdem sind in den Brennstoffventilen Drücke möglich, welche eine Herstellung aus Gußeisen als wenig zweckmäßig erscheinen lassen. Zieht man fernerhin in Betracht, daß die Wandung des Gehäuses stets durch den nicht zu umgehenden Treibölkanal außerordentlich geschwächt wird, zumal die Randspannungen solcher Löcher bekanntlich besonders ungünstige Werte annehmen, so sollte die Verwendung von Gußeisen für die Herstellung dieser Gehäuse unbedingt vermieden werden. Es ist ohne weiteres möglich, das Brennstoffventilgehäuse so auszubilden, daß ein Fertigschmieden im Gesenk erfolgen kann, so daß die Herstellung aus Flußeisen, besonders bei Serienfabrikation, nicht nur nicht teurer, sondern auch zuverlässiger ist als diejenige aus Gußeisen, da diese Gußstücke stets zum Lunkern neigen.

b) Die Einblaseleitung.

Der beste Schutz gegen die Entwicklung von Explosionswellen und damit gegen das Auftreten der hierdurch hervorgerufenen gewaltigen Drucksteigerungen ist der Einbau eines Rückschlagventils in die Einblaseleitung, und zwar in unmittelbarer Nähe des Brennstoffventils.

Dieses Ventil wird, wenigstens in den weitaus meisten Fällen, durch die aus dem Brennstoffventil in die Einblaseleitung eindringende Druckwelle auf seinen Sitz geschleudert und geschlossen. Die eigentliche Wirkung dieses Rückschlagventils ist in erster Linie in dem Umstand zu erblicken, daß durch dasselbe die Einblaseleitung, welche durch ihre im Verhältnis zum Durchmesser große Länge das Auftreten von Explosionswellen überhaupt erst möglich macht, vom Herd der Zündung abgeschaltet wird. Die Zündung tritt infolgedessen nur in dem relativ kurzen Raum zwischen Düsenplatte und Rückschlagventil auf, in welchem sich eigentliche Explosionswellen nicht entwickeln können. Um das Auftreten unzulässig hoher Drücke in diesem Raum zu verhindern, ist noch ein Sicherheitsventil mit möglichst großem Durchgangsquerschnitt anzubringen; dieses Ventil wird am einfachsten mit dem Rückschlagventil zusammen in einem gemeinsamen Gehäuse untergebracht und zweckmäßig auf ca. 90 at eingestellt. An Stelle der Sicherheitsventile können auch entsprechend ausgebildete Bruchplatten Verwendung finden.

Es liegt auf der Hand, daß die Ausrüstung der Einblaseleitung mit diesen beiden Ventilen einen absoluten Schutz nicht bieten kann, weil ein plötzlicher Schluß des Rückschlagventils nicht unter allen Umständen eintreten wird. Trotzdem sollte die Anbringung dieser Ventile an jedem Brennstoffventil unbedingt gefordert werden.

c) Der Probedruck.

Mit Rücksicht auf die gänzlich unberechenbaren, enorm hohen Drucksteigerungen, welche durch das Auftreten von Explosionswellen in den Einblaseleitungen entstehen können, erscheint es ausgeschlossen, die Gehäuse der Brennstoffventile und die Wandungen der Einblaseleitungen so kräftig auszuführen, daß sie den in Frage kommenden Drücken standzuhalten vermögen. Dieser Umstand soll aber nicht davon abhalten, diese Teile möglichst widerstandsfähig auszuführen, zumal in denselben häufiger als man gewöhnlich annimmt, Drucksteigerungen in mäßigerer Höhe vorkommen, z. B. dann, wenn das Rückschlagventil in Wirkung tritt. Der Probedruck kann jedenfalls im vorliegenden Fall nur dazu dienen, die einwandfreie Beschaffenheit des fertigen Brennstoffventils und des zur Verwendung gelangenden Rohrmaterials nachzuweisen, nicht aber dazu, das Standhalten dieser Teile bei allen betriebsmäßig möglichen Drücken zu gewährleisten. Bei Verwendung von Gußeisen für die Brennstoffventileinsätze sollte ein Probedruck von 200 at angewendet werden, der bei einer Herstellung aus Stahl auf 400 at erhöht werden kann. Einblaserohre sollten stets aus nahtlosen gezogenen Stahlrohren hergestellt und mit 400 at geprüft werden.

Die Untersuchungen und Ergebnisse der vorliegenden Abhandlungen können nur als ein einzelnes Glied in der langen Kette der vielen eng miteinander zusammenhängenden und vielfach noch gänzlich ungeklärten Fragen bezüglich der thermodynamischen Theorie des Arbeitsprozesses und des Einblasevorganges bei Dieselmotoren betrachtet werden. Schon bei der Untersuchung relativ einfacher Fragen macht sich das gänzliche Fehlen gründlicher und sachgemäßer Forschungsarbeiten auf diesem umfangreichen Gebiet sehr störend fühlbar, wodurch es sich auch erklärt, daß die ausführende Praxis, welche gerade im Dieselmotorenbau der Forschung weit voraneilen mußte, immer wieder gezwungen ist, beim Entwurf der Maschinen Annahmen zu machen, deren Richtigkeit nur von Fall zu Fall, und oft unter Aufwendung erheblichen Lehrgeldes nachgeprüft werden muß. Während die thermodynamische Theorie der Verdampfung des Wassers, und damit auch diejenige der Dampfmaschinen, schon durch die im Jahre 1824 erschienene Schrift von S. Carnot, „Réflexions sur la puissance du feu" in ihren wichtigsten Grundzügen entwickelt war, fehlt eine hinreichend durchgebildete und befriedigende Theorie der Verbrennungsmotoren und insbesondere der Dieselmotoren heute noch völlig. Wenn auch die Verhältnisse beim Verbrennungsmotor naturgemäß viel verwickelter liegen als bei der Dampfmaschine, so darf doch nicht übersehen werden, daß heute auf theoretischem und versuchstechnischem Gebiet Hilfsmittel zur Verfügung stehen, die eine Untersuchung und Klärung dieser Fragen in viel weitgehenderem Umfange, als dies bisher erfolgt ist, ermöglichen. Es wäre sehr zu begrüßen, wenn die vorliegende Arbeit die Anregung geben würde zur Inangriffnahme umfassender Versuchsarbeiten, die jedoch nicht unter dem Gesichtspunkt der abstrakt wissenschaftlichen Forschung, sondern des technischen Fortschrittes auf wissenschaftlicher Grundlage aufgebaut werden müßten.

<u>Lebenslauf.</u>

Ich, Friedrich Richard Colell, wurde am 12. Dezember 1881 als Sohn des Tuchfabrikanten B. Colell in Crimmitschau i. Sachsen geboren.

Ostern 1901 bestand ich das Abiturientenexamen an der Oberrealschule zu Düren und begann im Herbst desselben Jahres mein Studium an der Technischen Hochschule zu Aachen, wo ich im Juni 1906 die Diplomhauptprüfung bestand. Während meines Studiums erledigte ich meine praktische Tätigkeit.

Am 15. Juli 1906 trat ich in den Dienst der Daimler-Motoren Gesellschaft, Berlin-Marienfelde und zwar zunächst als Construkteur für Automobilbau. 1910 wurde ich Chef des Construktionsbüros für Dieselmotoren und übernahm zu Anfang des Krieges als Oberingenieur und Prokurist die Leitung der Abteilung für Unterseebootsmotoren-Bau.

Bei der Abfassung meiner Doktordissertation wurde ich von Herrn Professor Dr. Ing. H. Baer in 1 ebenswürdigster Weise beraten, wofür ich demselben zu grossem Danke verpflichtet bin.